Andrew Blum

# DIE WETTERMACHER

## Wie Wetterberichte entstehen und was sie vorhersagen können

*Aus dem Englischen von Stephan Gebauer*

 PENGUIN VERLAG

*Für Micah und Phoebe*

»Vielleicht wird es irgendwann in ferner Zukunft
möglich sein, die Berechnungen schneller anzustellen,
als sich das Wetter entwickelt, und zwar zu Kosten,
die geringer sind als die von der Information ermöglichten
Einsparungen. Aber das ist ein Traum.«

*Lewis Fry Richardson, 1922*

# Inhalt

# Vorwort

Im Oktober 2012 war mein Sohn ein Krabbelkind. Ich wusste genau, wie alt er war, hatte die Wochen und Tage sorgfältig gezählt. Ich verbrachte viel Zeit auf Twitter. Ich saß mit meinem Sohn im Arm in einem Schaukelstuhl und ließ die Welt unter meinem Daumen durchlaufen. So saßen wir an einem Samstagnachmittag da, als ich Zeuge wurde, wie die Meteorologen in helle Aufregung gerieten. Das neueste Ergebnis eines »europäischen Modells« war gerade eingetroffen und hatte die Wetterforscher alarmiert. »In Anbetracht der Tatsache, dass sich in der Karibik noch nicht einmal ein organisiertes Tiefdrucksystem gebildet hat, kann VIELES geschehen«, schrieb Bryan Norcross, einer der angesehensten Hurrikan-Experten der Welt. »Aber da das Szenario so dramatisch ist, müssen wir es aufmerksam beobachten.« Ich sah aus dem Fenster: Die Sonne schien, und das Wetter würde die ganze Woche schön sein. Der Himmel auf dem Bildschirm hingegen war von einem Sturm ausgefüllt, den es noch nicht gab.

In den folgenden acht Tagen überzog der Supersturm Sandy die Karibik mit sintflutartigen Regenfällen, zog danach in nördlicher Richtung ab, saugte sich über dem aufgewärmten Ozean mit Energie voll und machte dann einen verblüffenden Linksschwenk auf die amerikanische Ostküste zu. Er kam auf New York zu, er kam auf uns zu. Wir ließen die Jalousien herunter und füllten die Badewanne mit Wasser.

Der Sturm brach mit Wucht über die Stadt herein, ließ die Wände erzittern und drückte Fensterscheiben ein. Die Lampen begannen zu flackern, und auf meinem Bildschirm tauchten sonderbare Bilder auf: Das Karussell am Hafen von Brooklyn trieb im Fluss wie ein zauberhafter Kahn, Innenstadtstraßen verwandelten sich in Kanäle, Laternen explodierten funkensprühend. Nicht weit entfernt erhob sich der Ozean und brandete über das Land, strömte in Wohnzimmer, überflutete Kraftwerke und zerstörte die empfindliche Elektronik von U-Bahn-Netzen. Ganze Stadtviertel an der Küste wurden verwüstet, und in Lower Manhattan fiel das Licht aus.

Ein Katastrophenfilm war Wirklichkeit geworden. In dem Krankenhaus, in dem mein Sohn zur Welt gekommen war, trugen Krankenschwestern und Ärzte 21 Kleinkinder und batteriebetriebene Monitore über unbeleuchtete Treppen hinab, um sie in Sicherheit zu bringen.[1] In der Region starben 147 Menschen, 650 000 Häuser wurden beschädigt oder zerstört, die Schäden beliefen sich auf mehr als 50 Milliarden Dollar.[2] Die Stadt wirkte plötzlich fragil. Mich beschlich das Gefühl, dass wir unser Glück verbraucht hatten.

New York war nicht die erste Stadt, die von einem solchen Sturm getroffen wurde, und sie würde nicht die letzte sein. Der Hurrikan Katrina, der im Jahr 2005 New Orleans heimsuchte, war nicht nur wegen seiner Zerstörungsgewalt schockierend, sondern auch, weil er die soziale Ungleichheit verstärkte und sich auf die gesamte amerikanische Gesellschaft auswirkte. Im Jahr 2011 machte der Nordosten der Vereinigten Staaten erstmals die Bekanntschaft mit einer neuen Art von Sturm: Der Hurrikan Irene verdankte seine Zerstörungskraft weniger dem Wind als dem Regen, denn die Niederschläge waren heftiger und dauerten länger als in der Vergangenheit und ließen die Pegelstände auf ein bis dahin ungekanntes Niveau steigen.

Derartige Stürme häuften sich örtlich und weltweit, und es war unmöglich, sie zu ignorieren. Es begann eine wissenschaftliche Debatte über den Zusammenhang zwischen diesen Katastrophen und dem Klimawandel, aber da war auch die greifbare Realität der persönlichen Erfahrung. Mir wurde zunehmend klar, dass dies jetzt das wirkliche Leben war, eine neue Zeit im Leben der Erde: immer neue Hitze- und Kälterekorde, verschobene Jahreszeiten, Wetterphänomene, die in jeder Hinsicht extremer waren als in der Vergangenheit. Alles wie vorhergesehen.

Und alles wie vorhergesagt. Nicht nur die Stürme waren anders als früher, sondern auch die Art und Weise, wie sie angekündigt wurden. In der Wettervorhersage hatte sich etwas verändert. Die Warnungen waren besser zu hören als in der Vergangenheit und erfolgten so rechtzeitig, dass genug Zeit blieb, die Brotregale leerzuräumen und die Schulen zu schließen, bevor die ersten Wolken am Himmel aufzogen. Fernsehsender und bald auch die sozialen Medien berichteten in einem neuen Stakkato. Aber nicht nur der mediale Lärm wurde größer: Die Stürme wurden wirklich stärker, und wir erfuhren zweifelsfrei viel früher von ihrer Ankunft.

Es überraschte mich, welches Ausmaß die Berichterstattung im Fall von Sandy annahm. Die erste Warnung, die Norcross aussprach, unterschied sich nicht nur im Tonfall von dem, was wir gewohnt waren, sondern hatte auch einen anderen Charakter. »Wir müssen es aufmerksam beobachten«, schrieb er nicht weniger als acht Tage vor der Ankunft des Sturms. Es klang wie eine

Vorhersage seiner Vorhersage. Seine größte Sorge galt wie üblich vor allem dem Weg des Sturms und seinen möglichen Auswirkungen. Aber sein unmittelbares Augenmerk richtete sich auf die Simulationen der Computermodelle.

»Die Ergebnisse der präzisesten computergestützten Vorhersagemodelle stimmen verblüffend genau überein«, erklärte er am Sonntag. »Es passiert nicht oft, dass die Vorhersagen aller glaubwürdigen Modelle zu einem historischen Ereignis vollkommen übereinstimmen«, schrieb er am Dienstag. Am Donnerstag empfahl Norcross, die Ostküste in den höchsten Alarmzustand zu versetzen, und er war keineswegs der Einzige. »Den deutlichsten Hinweis darauf, dass wir damit rechnen müssen, dass ein gewaltiger Sturm von möglicherweise historischen Ausmaßen die Ostküste treffen wird, liefert die Tatsache, dass mittlerweile SÄMTLICHE zuverlässigen Computerprognosemodelle sagen, dass es geschehen wird.«

Norcross und seine Kollegen konnten die Entwicklung der Atmosphäre im räumlichen Maßstab der Hemisphären und im zeitlichen Maßstab von Tagen verfolgen. Sie taten sehr viel mehr, als die Entwicklung von Sandy lediglich durch das Auge einer an Bord eines Satelliten durch den Weltraum fliegenden Kamera zu betrachten und vom bisherigen Verlauf auf die weiteren Bewegungen des Sturms zu schließen. Sie verfügten über eine Simulation der globalen Atmosphäre, die der Zeit vorauseilen konnte. Inmitten einer Wetterlage summierte sich alles zu einer unwahrscheinlichen, beinahe unvorstellbaren Vorhersage. Mir war klar, dass das Wetter mithilfe von Computersimulationen vorhergesagt wurde. Aber seit wann waren diese Simulationen so gut?

In den Wochen nach Sandy waren die Wettermodelle für kurze Zeit in aller Munde. Sie waren nicht neu, aber sie hatten neuen

Einfluss erlangt. Die Meteorologen verwenden das Wort »skillful« zur Beurteilung der Genauigkeit ihrer Vorhersagen, und es hat eine spezifische Definition: Es ist das Maß ihrer Fähigkeit, das Wetter besser als die Klimatologie vorauszusagen, das heißt besser als anhand der historischen Durchschnittswerte für einen Ort an einem gegebenen Tag im Jahr. Wenn die durchschnittliche Höchsttemperatur in New York am 1. März bei 7 Grad Celsius liegt, muss eine Vorhersage öfter als dieser klimatologische Durchschnittswert zutreffen, um als »skillful« eingestuft zu werden.

Im Großen und Ganzen ist es den Meteorologen in den letzten Jahrzehnten gelungen, den Anspruch, zu einer genauen Vorhersage fähig zu sein, um einen Tag weiter in die Zukunft zu verschieben. Das bedeutet, dass eine Vorhersage für das Wetter in sechs Tagen heute so zuverlässig ist wie eine Vorhersage für das Wetter in fünf Tagen vor einem Jahrzehnt. Eine fünftägige Vorhersage ist heute so gut wie eine dreitägige Vorhersage vor zwei Jahrzehnten. Noch bemerkenswerter ist, dass die heutige Sechs-Tage-Vorhersage ebenso zuverlässig ist wie eine Vorhersage für zwei Tage in den Siebzigerjahren.[3]

All diese Verbesserungen verdanken wir den Wettermodellen. Diese Fortschritte werden oft »schnelleren Supercomputern« oder »besseren Satelliten« zugeschrieben. Aber ich hatte den Verdacht, dass es nicht ganz so einfach war (als wären Supercomputer und Satelliten jemals einfach gewesen …). Die Modelle waren geheimnisvoll: Wie funktionierten sie? Warum lieferten manche Modelle zuverlässige Vorhersagen und andere nicht? Wer arbeitete mit den Modellen, und wer entwickelte sie? Ich wollte sie mir genauer ansehen.

Bei der Arbeit an meinem ersten Buch, in dem ich mich mit der materiellen Infrastruktur des Internets befasst hatte – mit den

Datenzentren, den am Meeresboden verlaufenden Kabeln und den mit Licht gefüllten Röhren –, war mir bewusst geworden, dass sogar die komplexesten Systeme von Menschen gebaut werden. Sie existieren an realen Orten, und ihre Entwicklung hängt von der menschlichen Intuition ab. Ich lernte am meisten, wenn ich mich langsam bewegte, mir ein Objekt genau ansah und mit den Leuten sprach, die es gebaut hatten.

Mir wurde klar, dass die Quelle der heutigen Wettervorhersagen ähnlich ist: komplex, omnipräsent und dringlich. Ich wusste, dass ich, wenn ich die Wettervorhersagesysteme geduldig und sorgfältig studierte – wenn ich aufhörte, zum Himmel hinaufzuschauen, sondern mir stattdessen die Maschinen ansah, die ihn beobachteten –, würde verstehen können, wie diese neue Methode funktionierte, mit der tatsächlich in die Zukunft geschaut wurde. Ich wollte wissen, wie die vorzügliche Vorhersage für Sandy entstanden war und was sie mir über die perfekten Vorhersagen verraten konnte, die in Zukunft zu erwarten waren. Aber ich interessierte mich auch dafür, was hinter den banalen, alltäglichen Wettervorhersagen steckte, die ich mir jeden Tag ansah – für jene oft schockierend präzisen Prognosen, die besagten, in drei Tagen werde es um vier Uhr nachmittags regnen.

Sandy enthüllte einen Paradigmenwechsel in der Wettervorhersage, die mittlerweile weniger von den täglichen Erkenntnissen der Meteorologen, sondern vor allem von den Computersimulationen abhängt, die Jahr für Jahr besser werden. Diese tatsächlich vorausschauenden Wetterprognosen wurden nicht dadurch möglich, dass wir uns eine bemerkenswerte neue Fähigkeit aneigneten, sondern dadurch, dass wir ein bemerkenswertes neues Werkzeug entwickelten. Das morgige Wetter zu kennen, ist einer unserer ältesten Wünsche. Nachdem es Jahrtausende ein Wunschtraum blieb, gelang es uns schließlich, die Erde zu verdrahten: mit Satelliten und Wetterballons, mit Thermometern, Barometern und Anemometern, mit Supercomputern und einem sorgfältig konstruierten Fernmeldesystem, das all diese Bestandteile miteinander verband. Es gelang uns endlich, über die Gegenwart hinauszublicken.

Diese globale Infrastruktur für Beobachtung und Vorhersage, diese Wettermaschine, hat viele Komponenten. Sie wurde von einer Gruppe von Wissenschaftlern, von deren Existenz kaum jemand weiß, erdacht und stetig verbessert – nicht von den »Wettermännern« im Fernsehen, sondern von ihren weniger auffälligen Gegenstücken, den Atmosphärenforschern, Datentheoretikern, Satellitenbauern und Diplomaten. Vor allem ist sie nicht das Produkt einer einzelnen Regierungsbehörde oder eines Unternehmens, sondern eine wirklich internationale Konstruktion, ein sorgfältig gestaltetes und ununterbrochen funktionierendes System von Systemen, das dafür eingerichtet ist, in einer Endlosschleife das Wetter zu beobachten, vorherzusagen und erneut zu beobachten.

In der Wettermaschine kommt fast jede wichtige Erfindung der letzten drei Jahrhunderte zum Einsatz, insbesondere aus der Newton'schen Physik, der Telekommunikation, der Raumfahrt und der Informatik. Sie ist auf das allgegenwärtige Kommunikationssystem angewiesen, in dem unser Leben stattfindet. Sie stützt sich auf die Rechenleistung von Supercomputern, um mehr Variablen zu berücksichtigen, als je ein Mensch verarbeiten könnte. Wir kommen täglich mit ihren technologischen Komponenten in Berührung: Sie steckt hinter dem Regenschirm-Emoji und den Hochdrucklinien in der Wetterprognose. Und wir fühlen ihre physische Analogie in der frischen Brise und dem Regenguss.

Die Wettermaschine ist ein Wunderwerk, das wir wie etwas Banales behandeln. Wir benutzen sie jeden Tag, führen Smalltalk über ihre Erzeugnisse und beurteilen ihre Leistung. Sie ist ein Höhepunkt der wissenschaftlichen und technologischen Bestrebungen der Gesellschaft, aber wie bei vielen Dingen in unserer Zeit sind die komplexen Vorgänge in ihrem Inneren nicht nur mysteriös, sondern hinter einer Fassade der Einfachheit verborgen. Die Wettervorhersage ist heute genauer und wird dringender gebraucht als je zuvor, aber ihre Herkunft ist schwerer zu erkennen denn je. Wir haben ein Werkzeug gebaut, dem wir noch nicht zu vertrauen gelernt haben.

Dieses Buch erzählt die Geschichte der Herkunft der Wettermaschine und beschreibt, wie sie zu dem geworden ist, was sie heute ist. Es ist eine Geschichte der Erfinder dieser gewaltigen Maschine, der Menschen, die ein Fenster in die Zukunft öffneten, die es uns ermöglichten, immer weiter vorauszublicken. Diese Menschen können uns helfen, die Komplexität der modernen Realität besser zu verstehen, einer Realität, in der Maschinen unentwegt die Welt untersuchen, miteinander kommunizieren und uns empfehlen, was wir tun sollen. Indem die Menschheit die Fähigkeit erlangte, das Wetter vorauszusagen, vollbrachte sie eine ihrer größten Leistungen in dem Bemühen, sich den Lebensbedingungen auf der Erde anzupassen.

Es gibt viel darüber zu lernen, wie diese Maschine funktioniert und wer die Menschen dahinter sind, die »Wettermacher«.

Teil I

# Berechnung

# 1

## Die Berechnung des Wetters

An einem Juninachmittag im Jahr 2015 stieg ich in den alten Saab
von Anton Eliassen, dem Leiter des norwegischen Wetterdienstes,
der unter dem Namen Meteorologisches Institut bekannt ist, und
fuhr mit ihm auf einen Berg oberhalb von Oslo, wo wir in einem
Restaurant, das in einem jahrhundertealten Holzhaus untergebracht
war, zu Mittag essen wollten. Es war Frühling, und über den tief-
blauen Himmel zogen Wolken, jede von ihnen ein Gebirge aus
verdunstetem Wasser, jede von ihnen eine Gewitterdrohung. Das
war ein Problem: Eliassen hatte einen Tisch auf der Terrasse reser-
viert, von wo aus man einen schönen Blick auf den Fjord und den
Hafen hatte.

Mein Gastgeber war ein fast siebzig Jahre alter Mann mit röt-
lichem Gesicht und offenem Wesen. Er trug ein gestärktes Anzug-
hemd und legte die aufmerksame, gelöste Eleganz eines Mannes
an den Tag, der in dem Bewusstsein lebte, für die Wettervorhersagen seines Landes verantwortlich zu sein. Über die Bergkuppe
schob sich eine dunkle Wolke heran. Eliassen runzelte die Stirn.
»In einer Minute ist sie vorbeigezogen«, sagte er. Als die Wolke hinter dem Höhenzug verschwand und uns im warmen Sonnenlicht
zurückließ, wandte er sich wieder Räucherlachs und Graubrot zu.

»Sehen Sie? Wir haben ausgezeichnete kurzfristige Vorhersagen in Norwegen.«

Es war ein billiger Scherz für den Leiter eines Wetterdienstes, aber er traf die Situation Norwegens gut. In Anbetracht der geringen Größe dieses Landes ist seine Wetterkunde ungewöhnlich hoch entwickelt. Die Gründe dafür liegen auf der Hand: Erstens ist Norwegen ein reiches Land, und zweitens ist es mehr als die meisten Länder dem Erbarmen von Kälte und Stürmen ausgeliefert. Während die meisten nationalen Wetterdienste als Abteilung der Kriegsmarine entstanden, konzentrierte sich der norwegische von Anfang an auf die Entwicklung neuer wissenschaftlicher Methoden.

Eliassen ist beruflich und persönlich ein Erbe dieser Tradition. Sein Vater Arnt leistete wichtige Beiträge zum grundlegenden Verständnis der Vorgänge in der Atmosphäre und war an der Entwicklung der ersten computergestützten Wettermodelle beteiligt. In Antons Elternhaus in Oslo versammelten sich oft berühmte Wissenschaftler, die beim Abendessen oder draußen auf See auf der Segeljacht der Familie über die Forschung diskutierten. Sie wurden nicht vom beeindruckenden Himmel oder diesem »zerklüfteten und verwitterten Land über dem Wasser« angezogen, wie es in der norwegischen Nationalhymne heißt. Sie waren keine Wolkenbetrachter, sondern Theoretiker, die herauszufinden versuchten, wie man das Wetter gestützt auf Mathematik und Physik vorhersagen konnte. Ich sprach Eliassen darauf an, und er nickte: »Sie liebten die Gleichungen mehr als das Wetter.«

Mir wurde klar, dass dasselbe für mich galt. Ich war fasziniert von der Vorstellung, dass etwas derart Unbeherrschbares und Expansives wie die Erdatmosphäre systematisch verstanden werden und dass dieses Verständnis tatsächlich so absurd nützlich sein konnte. Es war ein bemerkenswerter Sprung von der Ratlosigkeit angesichts eines großen Geheimnisses zur Aufdeckung dieses Geheimnisses. »Das Problem ist einfach die Anwendung der klassischen Physik auf die Atmosphäre, auf einen rotierenden Globus mit Anziehungskraft«, erklärte Eliassen. »Diese Leute liebten dieses wunderschöne Problem. Aber es ist ein schwer zu lösendes Problem.«

Wie kann man das Wetter berechnen? Wie gelang es diesen norwegischen Wissenschaftlern, uns zu einer Zeit, als es noch keine Computer, keine Wetterballons, keine Satelliten gab, den Weg zu den Computermodellen zu weisen, mit denen wir heute arbeiten?

Als Samuel Morse im Jahr 1844 die erste Telegrafenlinie zwischen Washington und Baltimore in Betrieb nahm, übermittelte er die berühmte Botschaft »What hath God wrought« (Was Gott gewirkt hat). Dieses Bibelzitat war nicht als Frage nach dem Wetter gemeint, aber die Telegrafisten schienen sie von Anfang an damit zu verbinden.[4] Im Jahr 1848 erstreckte sich das Telegrafennetz in den Vereinigten Staaten bereits über fast 3500 Kilometer, aber es gab ein Problem: Wenn es regnete, funktionierten die Leitungen nicht richtig.[5] Wenn die Telegrafisten am Morgen ins Büro kamen, erkundigten sie sich als Erstes bei ihren Kollegen in anderen Städten nach dem Wetter, um sich auf Störungen vorzubereiten.

Ein Telegrafist namens David Brooks erinnerte sich: »Wenn mir Cincinnati mitteilte, dass starke Regenfälle die Leitung nach St. Louis unterbrochen hatten, war ich einigermaßen sicher, dass ein ›Nordoststurm‹ nahte.«[6] Ein Telegrafist namens Jeptha Homer Wade war bekannt dafür, dass er im Büro genaue Wettervorhersagen ans Schwarze Brett hängte, die »zahlreiche Kommentare und große Verwunderung auslösten«.[7] Als die Nachrichten erst einmal schneller als der Wind reisen konnten, musste der Wind nicht mehr überraschend kommen.

Wir neigen dazu, uns die Telegrafie als eine Technologie vorzustellen, welche die Welt zusammenrücken ließ und zur »Vernichtung des Raums durch die Zeit« führte, wie es Karl Marx ausdrückte. »Unsere Vorstellung von Entfernung und Zeit hat sich derart verändert, dass der Umfang des Erdballs praktisch verringert worden ist«, schrieb Josiah Latimer Clark, der Präsident der Society of Telegraph Engineers, »und es kann keinen Zweifel daran geben, dass wir eine ganz andere Vorstellung von seinen Dimensionen haben als unsere Großeltern.«[8] Diese Idee hat das moderne Leben geprägt.

Aber wenn es um das Wetter ging, hatte der Telegraf die gegenteilige Wirkung: Er *schuf* Zeit und Raum. Sobald entsprechende Informationen über große Entfernungen hinweg ausgetauscht werden konnten, konnten die unterschiedlichen Stücke des Himmels wie Puzzlesteine zu einem Gesamtbild zusammengefügt werden. Bei »dem Wetter« handelte es sich nicht länger einfach um die Bedingungen an einem bestimmten Ort auf dem Planeten, sondern um Wetter*muster*, die Tausende Kilometer umspannten.

Das Wetter wuchs über die individuelle Erfahrung hinaus und wurde zu einem »weitläufigen und verbundenen Gebilde statt zu einer Ansammlung örtlicher Überraschungen«, wie James Gleick feststellt.[9] Das Wetter war nicht mehr einfach Sonne oder Regen, sondern verwandelte sich in ein rational und fantasievoll gestaltetes Bild, das sich über das Land erstreckte. Von nun an war das Wetter nicht mehr nur ein Lüftchen, sondern eine Karte.

Der Kunstkritiker und Essayist John Ruskin war einer der Ersten, die begriffen, was geschehen konnte, wenn es gelang, die

Wetterkarte auf die ganze Welt auszuweiten. Im Jahr 1839 malte er sich »perfekte Systeme methodischer und simultaner Beobachtungen« aus, die er als »gewaltige Maschine« bezeichnete. Nachdem »der einsame Bewohner der amerikanischen Prärie« in der Vergangenheit »die vorbeiziehenden Gewitter beobachtet« habe, werde er sich in der Zukunft »in einen Teil eines mächtigen Verstandes verwandeln – ein Lichtstrahl, der in ein riesiges Auge fällt«.[10]

Als der zwanzig Jahre junge Ruskin, der zu jener Zeit in Oxford studierte, das schrieb, gab es kaum funktionierende Telegrafenverbindungen, aber er erkannte, wie die Kommunikationstechnologie die Art und Weise verändern würde, in der sich der Mensch nicht nur das Wetter, sondern die Welt vorstellte. »Auf sich gestellt ist der Meteorologe machtlos«, schrieb er. »Seine Beobachtungen sind nutzlos, denn sie betreffen einen Punkt, während die daraus abzuleitenden Spekulationen den Raum betreffen müssen.«

Ruskins gewaltige Maschine bestand zu gleichen Teilen aus Menschen und Technologie; sie funktionierte durch Kooperation und hing von der Kommunikation ab. Er verstand, dass die Menschen dank des Telegrafen nicht mehr den Hals recken mussten, um über den Horizont blicken zu können, sondern – zumindest im Geist – durch den Raum reisen und auf die Winde und Wolken hinabblicken konnten.

Die Fähigkeit zu wissen, wie das Wetter zu einem bestimmten Zeitpunkt an verschiedenen Orten war, war der erste Schritt zur Kenntnis des Wetters an einem Ort zu verschiedenen Zeitpunkten in der Zukunft.

Als sich der Telegraf durchgesetzt hatte, stellten die Meteorologen fest, dass ihre Arbeit einen praktischen Nutzen erhielt, und ihre Disziplin wandelte sich »von der Wetterforschung zum

Wetterdienst«, wie es der Historiker James Rodger Fleming ausdrückt.[11] Im Jahr 1848 rief das Smithsonian ein Wetterbeobach-
tungsprogramm ins Leben, das die neuen Telegrafennetze nutzen
sollte, um im Voraus über nahende Schlechtwetterfronten zu
informieren. Im Jahr 1855 wurde an der National Mall in Washington die neue Zentrale dieses Wetterdienstes eröffnet. In der
Eingangshalle hing eine riesige Karte der Vereinigten Staaten.
Freiwillige und bezahlte »Smithsonian-Beobachter« im ganzen
Land übermittelten Wetterberichte an die Zentrale, worauf auf
der Karte an dem Ort, von dem der Bericht kam, eine farbige
Papierscheibe von der Größe eines Pokerchips angebracht wurde.
Jeder Farbe war ein bestimmtes Wetter zugeordnet: Weiß stand
für Schönwetter, schwarz für Regen, braun für Bewölkung und
blau für Schnee.[12] Im Jahr 1858 berichtete die Leitung des Smithsonian: »Diese Karte ist nicht nur für Besucher von Interesse, da
sie zeigt, wie das Wetter an den weit entfernten Aufenthaltsorten
ihrer Freunde ist, sondern sie zeigt auch auf einen Blick die wahr-
scheinlichen Veränderungen, die in Kürze zu erwarten sind.«[13]

Hier wurde lediglich ein allgemeines Bild von den Bewegungen des Wetters über das Land entworfen; man wusste kaum
etwas darüber, wie Stürme entstanden und wie sie sich entwickelten. Aber es war ein verlockender Versuch, ein ganzheitliches
Bild zu entwerfen, eine Art von Proto-Wettermaschine. Wir können uns die Smithsonian-Karte als analogen Vorläufer des heutigen Systems vorstellen, vergleichbar mit der in der Frühzeit der
Luftfahrt an den Flughäfen üblichen Methode, die Abflug- und
Ankunftszeiten mit Kreide an eine Tafel zu schreiben. Die Karte
beruhte auf Dutzenden Beobachtungen; heute sind es Hunderte
Millionen. Aber sie erweiterte den Horizont von Möglichkeiten
hinaus, was nicht unbemerkt blieb.

Die Smithsonian-Karte wurde zu einem Sinnbild der nationalen Einigung, denn »die tägliche Darstellung von Information aus dem ganzen Land war ein Symbol dafür, wie sich Amerika von einer Ansammlung verstreuter, isolierter Gemeinden in eine einzige vernetzte Nation verwandelte«, wie der Historiker Lee Sandlin schreibt.[14] (Diese Einheit war zerbrechlich: Als der Bürgerkrieg die Telegrafenverbindungen zwischen Nord- und Südstaaten kappte, wurde auch der Strom der Wettermeldungen unterbrochen, und einige Jahre blieb der südliche Teil der Karte leer.)

Aber das Beobachtungssystem war noch kein *Vorhersage*system. Die ersten regelmäßigen Wetterprognosen wurden kurze Zeit später in England veröffentlicht. Die Entwicklung wurde durch eine Tragödie vorangetrieben. Als im Jahr 1859 das Dampfschiff Royal Charter vor der walisischen Küste auf Grund lief, versammelte sich auf den Klippen eine Menschenmenge, um das Wrack zu sehen. Die Menschen standen »von Mitleid erfüllt im bleiernen Morgenlicht und stemmten sich gegen den Wind«, und »Eisregen und Gischt verschlugen ihnen oft den Atem und nahmen ihnen die Sicht«, wie Charles Dickens schrieb.[15] Von den fast 500 Passagieren überlebten nur 41 das Unglück.

Nun schritt Robert Fitzroy, der ehemalige Kapitän von Charles Darwins Schiff Beagle, zur Tat. Gemeinsam mit seinen Kollegen beim Board of Trade, für den er meteorologische Statistiken erstellte, sammelte er sämtliche Wetterbeobachtungen, deren er habhaft werden konnte, und begann, stündlich aktualisierte Skizzen der über England hinwegziehenden Stürme zu zeichnen, in denen die Veränderungen von Luftdruck und Temperatur verzeichnet waren. Fitzroy bezeichnete diese neuartige Karte als »synoptisches Diagramm«. Er hoffte, die Darstellung zahlreicher

Beobachtungen werde die Kenntnis des Wetters vertiefen. Seine Methode war der Vorläufer einer Technologie, die erst ein Jahrhundert später auftauchen sollte. Die synoptischen Karten waren sehr viel umfassender als die »Vogelperspektive« und zeigten ein Bild, das aussah, »als hätte ein Auge im Weltraum den gesamten Nordatlantik in einem Moment betrachtet«, schrieb Fitzroy.

Nur zwanzig Jahre, nachdem sich Ruskin erstmals die *gewaltige Maschine* ausgemalt hatte, und nur fünfzehn Jahre nach Beginn des praktischen Einsatzes des Telegrafen wurde dieser genutzt, um Menschenleben zu retten – und zwar nicht nur lokal, sondern in ganzen Regionen. Die in den synoptischen Karten erkennbaren Wettermuster trugen wesentlich dazu bei, den wachsenden Dampfschiffverkehr der viktorianischen Zeit zu schützen. Es dauerte nicht lange, da wurde Fitzroys neues Meteorological Office in London jeden Morgen um acht Uhr von fünfzehn Telegrafenstationen mit Beobachtungen versorgt; kurze Zeit später schickte der Wetterdienst »Vorhersagen« zurück.[16] Die erste Version der Wettermaschine lief, und sie war ebenso rudimentär und dabei doch nützlich wie die ersten Lokomotiven.

Behörden und Meteorologen wollten sofort mehr und machten sich daran, eine möglichst große Wettermaschine zu bauen. Sie brauchten mehr Meldungen von einer größeren Zahl von Orten, und diese Meldungen mussten systematisch gesammelt und ausgetauscht werden. Es war sowohl ein technisches als auch ein politisches Projekt.

Die Standardisierung war in aller Munde und wurde durch die internationale Revolution und das Wachstum des internationalen Handels vorangetrieben. Im Jahr 1864 versuchte die International Geodetic Association, Größe und Form der Erde zu bestimmen.[17]

Zehn Jahre später wurde der Weltpostverein gegründet. Im Jahr 1875 definierte die Pariser Meterkonvention den Meter als weltweit einheitliche Maßeinheit.

Vor diesem Hintergrund fand im Jahr 1873 in Wien der erste Kongress der neuen Internationalen Meteorologieorganisation statt, an dem 32 Delegierte aus 20 Ländern teilnahmen.[18] Die meisten von ihnen waren Wissenschaftler und Leiter von Wetterdiensten, die in vielen Fällen erst kurz zuvor gegründet worden waren. Ihr vorrangiges Ziel war es, mit dem internationalen Austausch von Wetterdaten zu beginnen und »Beobachtungsstationen auf Inseln und an fernen Punkten auf der Erdoberfläche« einzurichten, wie es Christophorus Buys Ballot ausdrückte, der Gründer des Königlich-Niederländischen Meteorologischen Instituts und erste Leiter der Internationalen Meteorologieorganisation (aus der 1950 die Weltorganisation für Meteorologie hervorging).[19]

Es war von Anfang an unübersehbar, dass dieses Vorhaben eine große diplomatische Herausforderung war: Wenn jedes Land sein eigenes Wetterbeobachtungssystem errichtete, wurden einheitliche Standards, Protokolle und Regeln gebraucht, um diese nationalen Systeme zu einem internationalen System verbinden zu können. Die Delegierten einigten sich darauf, die Welt in ein Raster von Feldern zu unterteilen, die sich jeweils über zehn Längen- und Breitengrade erstrecken würden, und in jedem dieser Felder zwei Wetterwarten einzurichten.[20]

Alles andere musste erst noch geklärt werden: *Welches ist die beste Form, Größe und Position der Niederschlagsmesser? Zu welcher Tageszeit sollte der Niederschlag gemessen werden? Können einheitliche Beobachtungszeiten eingeführt werden? Wie sollte die Dichte der Wolkendecke geschätzt und angegeben werden?*[21]

Viele Teilnehmer an diesem ersten Kongress befürworteten die Verwendung der universellen Sprache Esperanto, was kein Zufall war: Sie wünschten sich eine universelle Sprache des Wetters. Dabei hatten sie zu jener Zeit noch nicht allzu viel zu sagen. Die Meteorologen konnten Beobachtungen austauschen, aber sie konnten mit den Daten nicht allzu viel tun. Die Bemühungen zur Errichtung eines standardisierten Netzes zeigten nur noch deutlicher, wie wenig sie tatsächlich über die Entstehung von Stürmen wussten. Sie konnten nicht viel mehr tun, als Muster abzugleichen.

Im typischen Wetterdienst jener Zeit übermittelten »die Wetterwarten per Telegraf die Elemente des gegenwärtigen Wetters«, erinnerte sich der englische Mathematiker Lewis Fry Richardson später. »Diese Angaben werden auf einer Karte mit großem Maßstab den entsprechenden Orten zugeordnet.« Dann machten sich die Prognostiker auf die Suche nach früheren Karten, die ähnliche Muster wie die aktuelle zeigten, und stellten ausgehend davon Vermutungen bezüglich der weiteren Entwicklung des Wetters an, wobei sie von der Annahme ausgingen, »dass die Atmosphäre erneut tun wird, was sie in der Vergangenheit getan hat«, wie Richardson erklärte. »Das historische Wetter wird sozusagen als maßstäbliches funktionsfähiges Modell für sein gegenwärtiges Selbst verwendet.«

Die Grenzen dieser Methode waren offensichtlich. »Man kann mit einiger Sicherheit sagen, dass sich die in einem gegebenen Moment beobachtete Konstellation der Sterne, Planeten und Monde nie wiederholen wird«, erklärte Richardson. »Warum sollten wir also erwarten, dass es in einem Katalog des vergangenen Wetters ein Muster geben wird, das der gegenwärtigen Wetterkarte genau entspricht?«[22]

Im Jahr 1895 wollte sich Cleveland Abbe, der Gründervater des US Weather Bureau und einer der berühmtesten amerikanischen Meteorologen, nicht länger mit diesen Beschränkungen abfinden. »Die Meteorologie wird seit einem Jahrhundert von allen Regierungen und wissenschaftlichen Organisationen umfassend unterstützt«, schrieb Abbe in der ersten Ausgabe der Zeitschrift *Science*. »Sie wurde von unserer und allen anderen Nationen begeistert aufgenommen. Mittlerweile tun wir alles, was mit dem Telegrafen, der Wetterkarte und der gewissenhaften Anwendung der allgemeinen Durchschnittsregeln zu bewerkstelligen ist, aber wir sind immer noch machtlos gegenüber jeder ungewöhnlichen Bewegung der Atmosphäre.«

Eine riesige *Beobachtungs*maschine war nicht genug. Die Meteorologie brauchte ein neues System für das Verständnis des Wetters – sie brauchte eine Theorie. »Die Meteorologen können nicht zufrieden sein, solange sie kein tieferes Verständnis der Mechanik der Atmosphäre besitzen«, schrieb Abbe. »Wir brauchen mehr als eine perfekte Organisation zur Beobachtung, Meldung und Veröffentlichung der letzten Nachrichten über die Atmosphäre. Es genügt nicht zu wissen, welches die Bedingungen waren und sind, sondern wir müssen herausfinden, welches die Bedingungen sein werden und *warum* es so ist.« Er schloss mit einem Ruf zu den Waffen: »Voraussetzung für weitere Fortschritte in der Meteorologie sind ein Laboratorium und die Einweihung des Physikers und des Mathematikers in diese Wissenschaft.«[23]

Abbe hatte ein Signal gegeben – und es wurde von einem in Stockholm tätigen Norweger empfangen, der sich auf den Weg über den Atlantik machte, um zu helfen.

Auf dem bekanntesten Porträt von Vilhelm Bjerknes steht er unter einem schwarzen Regenschirm vor den berühmten Docks von Bergen.[24] Sein Gesicht wird von der Sonne beleuchtet, die gerade durch die dicken Wolken bricht. Auf Fotos fallen sein wilder Haarschopf, sein kantiges Kinn und seine hellen Augen auf. Aber auf dem Ölgemälde wirkt er sanft und gelassen, ein Gentleman, der dem Wetter einen Schritt voraus ist, selbstgewiss und zufrieden mit seinen Prognosefähigkeiten. Es ist ein vorteilhaftes Porträt für einen Meteorologen, aber es will nicht recht zu Bjerknes passen, dessen Beiträge zur Meteorologie nicht empirischer, sondern theoretischer Natur waren. Bjerknes war derjenige, der als Erster vorschlug, das Wetter zu berechnen – und trotz erheblicher technologischer Beschränkungen tatsächlich herausfand, wie man das anstellen konnte.

Sein Vater Carl Anton Bjerknes brachte ihm sowohl die Mathematik als auch den Ehrgeiz bei. Im Jahr 1881, Vilhelm war gerade neunzehn Jahre alt, reisten Vater und Sohn gemeinsam zur Internationalen Elektrizitätsausstellung nach Paris.[25] Im Palais de l'Industrie an den Champs-Élysées wimmelte es von technologischen Wundern:[26] Eine elektrische Straßenbahn – die erste ihrer Art – fuhr durch die riesige Ausstellungshalle, Thomas Edison hatte einen zwanzig Tonnen schweren Generator namens »Jumbo« aus New York mitgebracht, mit dem er 1200 Lampen betrieb, und in einem schalldichten Raum konnten die Besucher den Hörer von Alexander Graham Bells Telefon in die Hand nehmen und »beeindruckt von dieser herrlichen Pracht« eine aus der Oper am anderen Ende der Stadt übertragene Vorstellung verfolgen. Ein »Telemeteograph« druckte alle zehn Minuten automatisch das aktuelle Wetter ihn Brüssel aus. Ein Berichterstatter der Zeitschrift *The Electrician* beschrieb eines der Exponate mit Worten,

die sich ein wenig wie der Text eines Apple-Videos aus viktoriani-
scher Zeit anhören: »Ein Liebender wird in der Lage sein, aus der
Ferne süße Nichtigkeiten ins Ohr seiner Verlobten zu flüstern
und gleichzeitig ihren bezaubernden Gesichtsausdruck zu sehen,
obwohl die beiden durch einen Kontinent und einen Ozean voneinander getrennt sind.« Die Möglichkeiten schienen unbegrenzt.

Der Mathematiker Carl Anton Bjerknes hatte seinen Sohn
nach Paris mitgenommen, damit dieser ihm bei der Vorführung
dessen zur Hand ging, was er als »hydrodynamische Analogien«
bezeichnete. Während ganz Paris die sichtbaren Manifestationen
der Elektrizität bestaunte, war die Präsentation an dem kleinen
norwegischen Stand den unsichtbaren Eigenschaften dieses Phä-
nomens gewidmet. Die Ärmel hochgekrempelt wie ein Zauber-
künstler, inszenierte Vilhelm eine Vorführung, deren Zweck es
war, die Ähnlichkeit zwischen der Dynamik von Flüssigkeiten
und dem Elektromagnetismus zu veranschaulichen. Eine vom
Vater entworfene und vom Sohn gebaute Vorrichtung, die wie
eine Hantel aussah, bestand aus »zwei oszillierenden Kugeln, die
an den beiden Enden einer Stange befestigt« waren, wie es in der
Zeitschrift *Popular Science* hieß. In einem weiteren Exponat trieb
eine Kugel, an der ein Stab befestigt war, in einem Behälter auf der
Wasseroberfläche. Ein Pinsel am Ende des Stabs »war so angebracht, dass er jedes Mal, wenn die Wasseroberfläche durch eine
Vibration so stark erschüttert wurde, dass die Kugel den Stab
bewegte, auf einer Glasplatte über dem Becken eine Linie malte«.[27]
Die Elektrizität war drauf und dran, die Welt vollkommen zu verändern. Bald würde sie Städte und Wohnzimmer beleuchten, und
am norwegischen Stand fand man eine anschauliche Darstellung
ihrer ansonsten unsichtbaren Kraft. Die Zuschauer drängten
sich um Vilhelms Exponat. »Ich habe kaum genug Zeit, um den

Apparat mit einem Tuch abzutrocknen, bevor die Leute zurück-
kommen, um es noch einmal zu sehen«, berichtete er.[28] Das alles
hatte nichts mit dem Wetter zu tun – zumindest noch nicht. Aber
die Anerkennung weckte den Ehrgeiz des jungen Bjerknes. Seine
wissenschaftliche Arbeit konnte nützlich sein und ihn vielleicht
sogar berühmt machen. Sein Vater wurde für die Vorführung mit
einem Ehrendiplom ausgezeichnet, womit er der einzige Norweger war, der den Preisträgern Edison und Graham Bell Gesellschaft leisten durfte.

Aber nachdem sie den Trubel in der Stadt der Lichter hinter
sich gelassen und wieder nach Norwegen zurückgekehrt waren,
kam die Entwicklung der beiden Bjerknes zum Stillstand. Carl
Anton versank in Selbstzweifeln und war nicht in der Lage, die
Experimente für eine Veröffentlichung zu beschreiben. Aus Loya-
lität dem Vater gegenüber und in der Hoffnung auf eine berufli-
che Chance nahm Vilhelm die Arbeit in die Hand, aber der Erfolg
blieb aus. Er kehrte nach Paris zurück, um bei dem Mathematiker
Henri Poincaré zu studieren, und ging anschließend nach Bonn,
wo er mit Heinrich Hertz arbeitete, dem Namensgeber der Fre-
quenzeinheit.[29] Bjerknes suchte nach Kameradschaft und kollek-
tivem Fortschritt, doch beides blieb ihm verwehrt. »Anstatt seine
Abende in einer Stammkneipe von Physikern zu verbringen, Bier
zu trinken und über die Wissenschaft zu diskutieren, wie er es
sich erträumt hatte, mangelte es ihm an Kollegen und Herausforderungen, und er verbrachte viele Stunden allein«, schreibt sein
Biograf Robert Marc Friedman.[30] Als es ihm schließlich gelungen
war, das Manuskript seines Vaters fertigzustellen, versuchte er in
den Verhandlungen mit einem Verleger mit harten Bandagen zu
kämpfen und forderte einen Vorschuss. Aber der Verlag bot ihm
lediglich »öffentliche Aufmerksamkeit« an.[31] Ende der 1880er-

Jahre war Bjerknes bereit, sich in sein Schicksal zu fügen: Auf einen Karrierehöhepunkt mit neunzehn Jahren in den glitzernden Ausstellungshallen von Paris folgte ein Leben im Schatten. Er würde wohl nie wieder zum richtigen Zeitpunkt am richtigen Ort sein.

Doch dann war er plötzlich am richtigen Ort und katapultierte sich mit einer Arbeit, die sich im Lauf der Zeit als fast so bedeutsam erweisen sollte wie Edisons Glühbirnen, ins wissenschaftliche Rampenlicht.

Seinen Durchbruch verdankte Bjerknes einem verschollenen Ballon. Im Sommer des Jahres 1897 stieg der schwedische Entdecker Salomon August Andrée auf der Insel Danskøya im Spitzbergen-Archipel nördlich des Polarkreises in einen Heißluftballon, um den Nordpol zu überfliegen und nach Möglichkeit bis nach Alaska zu reisen. An Bord des von Alfred Nobel finanzierten und in Paris eigens für die Expedition angefertigten Ballons, der auf den Namen Örnen (Adler) getauft worden war, befanden sich drei Männer und 36 Brieftauben, die im Lauf der Reise auf kleinen Pergamentrollen geschriebene Botschaften in die Heimat bringen sollten. Vier Tage nach dem Abflug landete einer der Vögel in der Takelage eines Robbenfangschiffs, doch von da an bestanden alle Meldungen über die Reise des Örnen nur noch aus Gerüchten und Erfindungen.[32] 40 000 Menschen hatten Andrée am Bahnhof von Stockholm verabschiedet,[33] und sein Verschwinden löste ein ähnlich beklemmendes Gefühl aus wie der Verlust des Malaysia-Airlines-Flugs 370 über ein Jahrhundert später. Unter denen, die besonders litten, war Nils Ekholm, ein Experte für die arktische Meteorologie. Er hatte sich aus dem Expeditionsteam zurückgezogen; nun verfolgte ihn die Erinnerung an die verlorenen

Kameraden. Ekholm suchte nach einer Antwort auf die naheliegende Frage: Das Schicksal des Ballons hatte zweifellos von den Winden abgehangen – aber wovon hingen die Winde ab? Ihm lagen Wetterberichte aus den Tagen rund um den Aufbruch der Expedition vor, aber die Daten waren alle an der Erdoberfläche gesammelt worden. Er hatte keine Daten und keine Theorie dazu, was in der Höhe vorging – in der »freien Atmosphäre«, wie sie die Meteorologen nennen –, und konnte daher nicht einmal Vermutungen zum Verbleib des Örnen anstellen. Ekholm wurde bewusst, dass er und seine Kollegen ein frustrierend zweidimensionales Bild vom Wetter hatten.

An der dritten Dimension hatte Vilhelm Bjerknes gearbeitet, ohne sich dessen wirklich bewusst zu sein. Seit 1893 unterrichtete er in Stockholm an der Högskola, der neuen (und weniger renommierten) Universität der Stadt. Die Zielrichtung seiner Arbeit hatte sich verschoben: Statt der Elektrizität erforschte er mittlerweile die praktischen Anwendungsmöglichkeiten der klassischen (im Gegensatz zur theoretischen) Physik. Bjerknes interessierte sich insbesondere für die Zirkulation, die beschreibt, wie Strömungskräfte in einer Kurve um ein Hindernis herum wirken. In Bezug auf ideale Flüssigkeiten, bei denen Druck und Dichte konstant waren, war sie gut erforscht, aber die Atmosphäre ist keine ideale Flüssigkeit. Sie enthält Luftmassen mit unterschiedlichem Druck und verschiedener Dichte, die aufeinandertreffen und Bewegung erzeugen. Das hatten die Meteorologen empirisch beobachtet – Stürme drehten sich aufwärts und lösten sich auf –, aber die Physiker waren nicht in der Lage, diese Vorgänge mathematisch zu erklären.

Nun entwickelte Bjerknes eine Hypothese, mit der er seiner Zeit voraus war. Er erklärte, wenn Druck und Dichte ungleich verteilt seien, würden sich die ungleichen Massen umeinanderdrehen, bis sich Druck und Dichte ausgeglichen hätten, wie Magneten, die sich richtig ausrichten. Anhand des von Bjerknes entwickelten »Zirkulationstheorems« konnten Richtung und Intensität dieser Zirkulation bestimmt werden – zumindest in der Theorie.[34] Was genau das für die Atmosphäre (und für das Wetter) bedeutete, war noch nicht klar, und bis zur Nutzung seiner Erkenntnis für Wettervorhersagen war es noch ein weiter Weg. Aber Bjerknes hatte eine Theorie der Atmosphäre oder zumindest ein erstes kleines Stück davon entwickelt.

Er legte seine Erkenntnisse in einem Vortrag in der Physikalischen Gesellschaft in Stockholm vor und stellte Vermutungen zu Anwendungsmöglichkeiten in der Meteorologie an. Ekholm saß im Publikum und fragte sich, ob das Zirkulationstheorem genutzt werden konnte, um das Schicksal des Örnen zu klären. Bjerknes war ein Neuling auf dem Gebiet der Meteorologie, aber die beiden Männer setzten sich zusammen und kombinierten Bjerknes' physikalische Erkenntnisse mit Ekholms Kenntnis der Atmosphäre.[35] Sie konnten nicht herausfinden, wo der Örnen geblieben war (das Wrack wurde erst 33 Jahre später entdeckt), aber sie begriffen, dass sie zu einer neuen Vorstellung von der Atmosphäre vorgestoßen waren, die sich nicht auf Analogie und Intuition, sondern auf Physik und Mathematik stützte. Bjerknes konnte nur vermuten, wie sich die Winde verhielten, aber dank seiner Mathematik wurde es eine ausgesprochen nützliche Vermutung: Nun hatte man eine Hypothese, die durch Beobachtung bewiesen oder widerlegt werden konnte.

Als der angesehene amerikanische Meteorologe Cleveland Abbe von Bjerknes' Arbeit erfuhr, sorgte er dafür, dass der Norweger Zugang zu ungewöhnlichen Daten erhielt, die von Meteorologen des Blue-Hill-Observatoriums bei Boston während eines Sturms mit einem Drachen gesammelt worden waren.[36] Gemeinsam mit seinem Kollegen J. W. Sandström setzte Bjerknes die Daten zu einem dreidimensionalen Bild der Atmosphäre an jenem Tag zusammen. Und wie sich herausstellte, war das Zirkulationstheorem auf diese Daten anwendbar: Die Atmosphäre verhielt sich tatsächlich so, wie sie es gemäß dem Theorem tun sollte.

Bjerknes erkannte, dass er auf der richtigen Spur war, und machte sich daran, seine Erkenntnisse zu vertiefen. Abbe schickte mehr Daten, und die Resultate waren erneut vielversprechend. Während die Meteorologen zu klären versuchten, was genau das Theorem über die Entstehung des Sturms verriet – und welche Aufschlüsse es über künftige Stürme geben konnte –, stellte Bjerknes zufrieden fest, dass er etwas Grundlegendes entdeckt hatte: Atmosphärische Phänomene konnten anhand der Mechanik beschrieben werden. Abbe war ebenfalls begeistert. Dies war der erste Schritt zu der meteorologischen »Theorie«, auf die er gehofft hatte: auf eine Physik des Wetters.

Bjerknes wusste genau, was er da entdeckt hatte. In einem Brief an den berühmten norwegischen Polarforscher Fridtjof Nansen beschrieb er die Grenzen seines Projekts: »Ich will die Frage beantworten, wie die zukünftigen Zustände der Atmosphäre und des Ozeans vorhergesagt werden können. In der Vergangenheit verschloss ich die Augen vor der Tatsache, dass dies tatsächlich mein Ziel war, was, wie ich gestehen muss, teilweise an meiner Furcht angesichts des enormen Ausmaßes des Problems und daran lag, dass ich mir zu viel vorgenommen hatte.«[37] Er erkannte richtig, dass sich die Meteorologie in eine moderne Wissenschaft verwandeln würde, wenn mehr Theoreme entwickelt und mehr Daten gesammelt wurden: Sie konnte eine mathematische Wissenschaft mit überprüfbaren und wiederholbaren Ergebnissen werden.

Doch es gab zwei große Hindernisse, die zu überwinden den Meteorologen noch heute schwerfällt. Erstens brauchte Bjerknes bessere Informationen über den gegenwärtigen Zustand der Atmosphäre – er brauchte mehr Beobachtungsdaten. Zweitens musste er herausfinden, wie sich dieser atmosphärische Zustand ändern würde – und die Zirkulationstheorie beschrieb nur einen kleinen Teil dieser Veränderungen.

Bjerknes bezeichnete die Kenntnis des Zustands der Atmosphäre als »wichtigste Aufgabe der *beobachtenden* Meteorologie«. In der Kenntnis der Veränderungen der Atmosphäre sah er »die erste Aufgabe der *theoretischen* Meteorologie«[38]. Die Aufgabe der Beobachtung war leicht zu definieren, wenn auch schwierig zu bewältigen. Die Meteorologen brauchten »gleichzeitige Beobachtungen aller Bestandteile der Atmosphäre an der Erdoberfläche und in der Höhe, über dem Land und über dem Meer«, erklärte Bjerknes. Die gewaltige Maschine musste betriebsbereit gemacht und in Gang gebracht werden.

Die *theoretische* Aufgabe war schwieriger zu definieren, aber paradoxerweise war sie für Bjerknes leichter zu bewältigen. Ausgehend von den Erkenntnissen von Genies wie Isaac Newton, Leonhard Euler, Claude-Louis Navier und Pierre-Simon Laplace reduzierte Bjerknes die Physik der Atmosphäre auf sieben Gleichungen, in die Daten zu sieben Variablen eingefügt werden mussten: Dichte, Druck, Temperatur, Feuchtigkeit sowie Windgeschwindigkeit (als Vektor, weshalb sie als drei Variablen zählte).[39]

Die Gleichungen waren wie Pinselstriche in einem Bild der verschiedenen Möglichkeiten der Luftbewegung. In ihrer Gesamtheit lieferten sie ein Bild der Atmosphäre in ihrer ganzen Dynamik.

Ausgehend von einem Schnappschuss eines einzelnen Moments konnte der zukünftige Zustand der Atmosphäre dargestellt werden. So wie man die Geschwindigkeit eines Pferdes anhand eines Fotos von seiner Gangart einschätzen kann, konnte Bjerknes anhand dieser Gleichungen das Wetter in seiner zeitlichen Entwicklung berechnen. »Die erste Aufgabe der theoretischen Meteorologie wird also darin bestehen, gestützt auf die Beobachtungen ein möglichst klares Bild des physikalischen und dynamischen Zustands der Atmosphäre zum Zeitpunkt der Beobachtung zu gewinnen«, erklärte er. Sobald man ein Bild der »direkt beobachtbaren Mengen« der Atmosphäre hatte, konnte man »alle zugänglichen Daten zu den nicht beobachtbaren möglichst umfassend berechnen«. Die Meteorologen mussten den »Ausgangszustand« der Atmosphäre mittels Beobachtung bestimmen, um »den Übergang von einem Zustand in einen anderen« anhand von Berechnungen angeben zu können.

Die Gleichungen von Bjerknes waren nicht perfekt, und ihre Anwendung lieferte keine Wettervorhersage, mit der wir heute etwas anfangen können. Aber sie waren ausreichend deskriptiv, um als Hypothesen zu taugen, die durch weitere Beobachtungen bewiesen oder widerlegt werden konnten, und sie wurden zur Grundlage dessen, was als »primitive Gleichungen« bezeichnet wird. Diese werden noch heute verwendet.

Obwohl seine Forschungsergebnisse nicht für Wettervorhersagen geeignet waren, hatte Bjerknes etwas Bemerkenswertes geleistet: Er hatte gezeigt, dass Wetterprognosen als wissenschaftliche Experimente ausgeführt werden konnten, die täglich wiederholbar waren. Wenn man das Wetter des folgenden Tages vorhersagte, konnte man zudem am folgenden Tag feststellen, ob diese Prognose richtig gewesen war.

Doch Bjerknes konnte seine Gleichungen nicht auf das kommende Wetter anwenden. Denn es gab ein kleines Problem: Die Gleichungen waren funktional unlösbar. Sechs der sieben waren partielle Differentialgleichungen, die, wie Bjerknes selbst einräumte, »die Möglichkeiten der heutigen mathematischen Analyse bei Weitem überschreiten«. Dazu kam, dass sie zusammenhingen, weshalb Teillösungen nutzlos waren. Der Wind hing von Temperatur und Druck ab, und die Gleichungen für Temperatur und Druck hingen vom Wind (sowie allen anderen Variablen) ab. Schließlich verrieten die Gleichungen nicht einmal viel über »sensibles« Wetter, das heißt darüber, ob es regnen oder schneien würde. Sie gaben lediglich Aufschluss über Luftdruck und Temperatur an einem gegebenen Punkt, der sich unter Umständen in großer Höhe befand. Aber der Grundgedanke, dass die physikalischen Prinzipien herangezogen werden konnten, um das Wetter zu berechnen, war unanfechtbar.

Im Jahr 1904 veröffentlichte Bjerknes in der *Meteorologischen Zeitschrift* einen Artikel, der sich in die berühmteste Arbeit in der Geschichte der Meteorologie verwandeln sollte. Der Titel der Arbeit lautete »Das Problem der Wettervorhersage, betrachtet vom Standpunkt der Mechanik und Physik«. Der Artikel wurde von der Fachwelt freundlich aufgenommen, obwohl die praktischen Anwendungsmöglichkeiten der dargestellten Erkenntnisse begrenzt waren. Bjerknes brauchte noch viel mehr Beobachtungsdaten. Die einzelnen Länder hatten Fortschritte beim Aufbau ihrer Netze von Wetterstationen gemacht, aber Messungen in größeren Höhen waren immer noch technisch schwierig und wurden nur selten vorgenommen.

Zum Zeitpunkt der Veröffentlichung des Artikels war es den Brüdern Wright gerade erst gelungen, am Strand von Kill Devil

Hills in North Carolina einige Male mit ihrem motorisierten Fluggerät vom Boden abzuheben; einige Jahre später würden sie so weit sein, ihren stetig verbesserten Apparat in Europa vorzuführen. Im Jahr 1910 überquerten Zeppeline auf kommerziellen Flügen den Kontinent: Sie eigneten sich als Plattform für weitere Beobachtungen in höheren Luftschichten und machten – aus Sicherheitsgründen – die Sammlung zusätzlicher Daten erforderlich.

Bjerknes nutzte seine wachsende Bekanntheit, um für noch mehr Messungen in den höheren Luftschichten zu werben, und vielerorts wurden »aerologische Gesellschaften« ins Leben gerufen, die solche Daten sammeln sollten.

Aber es gab immer noch nicht annähernd genug Daten. Es war unmöglich, eine ausreichend große Zahl realer Beobachtungen der Atmosphäre vorzunehmen, um überhaupt mit den Berechnungen beginnen zu können. Im Jahr 1913 fand Bjerknes klare Worte über die Erfolge und Probleme seiner Methode. »Nun, da regelmäßig umfassende Beobachtungen eines großen Teils der freien Atmosphäre veröffentlicht werden, erhebt sich ein riesiges Problem vor uns, das wir nicht länger ignorieren können«, erklärte er in einem Vortrag in Leipzig, wo er mittlerweile einen Lehrstuhl innehatte. »Wir müssen die Gleichungen der theoretischen Physik nicht nur auf ideale Bedingungen anwenden, sondern auf die tatsächlichen atmosphärischen Bedingungen, die in den modernen Beobachtungen zutage treten.« Er brannte noch immer vor Ehrgeiz und beklagte sich darüber, dass die Forschung auf diesem Gebiet stagnierte. »Das Problem der richtigen Vorausberechnung, das in der Astronomie vor Jahrhunderten gelöst wurde, muss jetzt in der Meteorologie ernsthaft in Angriff genommen werden.« Warum sollten die Bewegungen der Stürme nicht so vorhersehbar sein wie die der Sterne?

Aber einmal mehr – und eigentlich wie immer im Fall des Wetters – war das leichter gesagt als getan. Die vorhandenen Kapazitäten reichten nicht aus, um die neue Theorie der Wettervorhersage in der Praxis anzuwenden. »Welche Befriedigung sollen wir aus der Fähigkeit ziehen, das morgige Wetter vorherzusagen, wenn wir ein Jahr brauchen, um es zu berechnen?«, klagte Bjerknes.[40]

Aber wenn es nur einen Tag dauern würde, das Wetter zu berechnen? Das würde zumindest ein Anfang sein.

# 2

## Die Vorhersagefabriken

Im September 1913 erhielt Vilhelm Bjerknes einen Brief von Napier Shaw, dem Leiter des British Meteorological Council. Shaw hatte kurz zuvor einen Mathematiker zu einer abgelegenen Wetterwarte in einem schottischen Nest namens Eskdalemuir entsandt und vermutete, die Arbeit des Mannes könne Bjerknes interessieren. »Kürzlich beschrieb er mir, was er als Traum von einem Palast in Den Haag bezeichnete«, schrieb Shaw ein wenig befremdet. Dieser »Palast« würde einem Konzertsaal ähneln und ein Fassungsvermögen von 500 Personen haben. Im Zentrum würde in einer Kabine ein »Dirigent« stehen und die Wetterdaten laut vorlesen. Die 500 Personen auf den umgebenden Rängen würden die zukünftige Entwicklung des Wetters berechnen, wobei jeder dieser Rechner für eine bestimmte Weltregion verantwortlich sein würde. Shaw glaubte, die Idee werde Bjerknes möglicherweise gefallen. »Ich erklärte dem Mann, dass Sie das Programm bereits in Angriff genommen haben, und empfahl ihm, Ihre bisherige Arbeit zu studieren.«[41]

Hinter dieser praktischen, wenn auch exzentrischen Idee steckte ein einfallsreicher Kopf. Lewis Fry Richardson wurde im Oktober 1881 geboren, im selben Monat, in dem der neunzehnjährige

Bjerknes in Paris seine elektrischen Experimente vorführte. Richardson besaß, was einige seiner Biografen als »unorthodoxe Intelligenz« bezeichnen.[42] Er war fasziniert von Elektrizität und Maschinen, sammelte Insekten und führte ein naturhistorisches Tagebuch, in dem er auch seine Beobachtungen des Wetters festhielt. Er praktizierte Meditation und vertiefte sich im Halbschlaf in »gelenkte Träume«, wie er es nannte, in jenen »›Beinahe-Zustand‹, der dem kreativen Denken besonders zuträglich ist«.[43]

In diesem »Beinahe-Zustand« kam Richardson auf ungewöhnliche Ideen. Nach dem Untergang der Titanic dachte er sich ein System für die Detektion von Eisbergen im Dunkeln aus; zu den Bestandteilen zählten eine Pfeife, mit der Signale gegeben werden sollten, und ein geöffneter Regenschirm, der die reflektierten Schallwellen auffangen sollte – im Grunde ein Sonar. Von seiner Arbeit in einer Glühbirnenfabrik gelangweilt, zeichnete er eines Tages eine Steampunk-Skizze, eine fantastische Maschinerie, auf der er das Büro des Managers mit Periskopen, einem sich drehenden Tisch und einem Besucherschott ausstattete, der sich mittels eines Pedals aufstellen ließ, sodass die Gäste hinausgeschleudert wurden.[44] Sein Arbeitgeber war die Sunbeam Lamp Company; das Gegenstück in seiner Fantasiewelt, die Moonbeam Lamp Company, sah ihre Aufgabe darin, »Pflicht mit Vergnügen zu kombinieren«, wie Richardson in sein Notizbuch schrieb. Ein zweites Pedal diente dazu, den Bürosessel des »erschöpften Managers« durch eine Klappe in der Decke aufs Dach hinaufzufahren, wo er sich in einem Garten erholen konnte – eine Idee, die so manches heutige Technologieunternehmen in seiner Zentrale verwirklicht hat.

Auf die Idee, sich mit dem Wetter zu beschäftigen, kam Richardson bei der Arbeit an Entwässerungsgräben. In seiner Tätigkeit für ein Unternehmen, das Torf als Brennstoff abbaute, erhielt er den Auftrag, die beste Anordnung der Torfflächen zu planen. Anstatt ein Gitter zu zeichnen und es dabei zu belassen, entwickelte Richardson eine mathematische Formel, welche die Porosität des Torfs und die Fließrichtung des Wassers nach einem Regenfall berücksichtigte. Es war unmöglich, die Formel zu lösen – genauer gesagt, sie bestand aus einer Reihe verbundener Differentialgleichungen, deren Lösung Jahre dauern würde.[45] Doch Richardson ließ sich nicht entmutigen und entwarf eine grafische Methode zur Bestimmung des idealen Verlaufs der Abflussgräben. Zu diesem Zweck übertrug er seine Gleichungen in eine Funktion und sah sich an, wo sich die Linien kreuzten. Dann arbeitete er sich zurück und verwendete die anhand seiner Darstellungsmethode gewonnene annähernde Antwort dazu, ein arithmetisches Verfahren zu entwickeln, das dieselbe Lösung lieferte, so als würde er die Winkel mit einem Winkelmesser bestimmen. Das Ergebnis stellte ihn zufrieden.

Nachdem der Direktor von National Peat Geld des Unternehmens unterschlagen hatte und nach Frankreich geflüchtet war, wechselte Richardson in die Metrologische (nicht Meteorologische) Abteilung des National Physical Laboratory.[46] Dort nutzte er seine mathematischen Erkenntnisse, um die Belastung von Staumauern zu berechnen, wobei er die eigentlichen Berechnungen auf eine Handvoll »Rechner« verteilte, das heißt auf eine Gruppe von Jungen. Der schnellste schaffte in einer Woche 2000 Rechnungen, für die Richardson jeweils einen Penny bezahlte. Wenn die Jungen Rechenfehler begingen, kürzte er ihnen den Lohn.

Nun, da er einen mathematischen Hammer hatte, machte Richardson sich auf die Suche nach Nägeln. Als ihm Napier Shaw von Bjerknes Arbeit erzählte, begann er dessen Gleichungen so anzupassen, dass er sie mit seinen eigenen Methoden lösen konnte. Dann hielt er Ausschau nach einem Beispiel, an dem er sie testen konnte: Er brauchte reale Wetterdaten von einem realen Tag, die er verwenden konnte, um eine reale – wenn auch retrospektive – Wettervorhersage zu erstellen. Bjerknes hatte genau die richtigen Daten. Er hatte kurz zuvor eine Reihe detaillierter Diagramme zu den Bedingungen hoch in der Atmosphäre veröffentlicht, die auf Daten beruhten, die im Rahmen der »internationalen Aerologietage«, an deren Organisation er beteiligt war, gesammelt worden waren.

Im Mai 1910 hatten Wetterwarten in ganz Europa im Zeitraum von drei Tagen anlässlich des Vorbeiflugs des Halleyschen Kometen, von dem die Meteorologen Auswirkungen auf die Bedingungen in der Atmosphäre erwarteten (die ausblieben), mehr als 150 Wetterballons und 35 Drachen aufsteigen lassen. Die Diagramme wurden in einem Buch zusammengebunden, das das Format einer Tageszeitung besaß. Vierzehn Blätter entsprachen den Bedingungen in bestimmten Höhen von der Seehöhe bis zur Troposphäre an siebzehn verschiedenen Orten in Europa – vom norwegischen Bergen über Teneriffa bis zu Pyrton Hill in Oxfordshire. Es war ein beispielloser Schnappschuss der Atmosphäre, den Richardson für seine Berechnungen verwenden konnte. Seine Analyse verarbeitete er schließlich zu einem Buch, dem er zunächst den Titel *Wettervorhersage anhand arithmetischer finiter Differenzen* gab.[47]

Aber der Erste Weltkrieg hatte begonnen, und im Mai 1916 konnte sich Richardson dem Konflikt nicht länger entziehen, obwohl er Quäker war. Im Alter von 35 Jahren traf er als Mitglied der Friends' Ambulance Unit, des Ambulanzdienstes der Quäker, an der Westfront ein. Die anderen Ambulanzfahrer nannten den verschrobenen Kollegen mit dem langen Vollbart »Prof«, wobei nicht geklärt ist, ob das Kürzel für »Prophet« oder für »Professor« stand. Am Tag transportierte Richardson Verwundete, am Abend setzte er sich mit den von Bjerknes gesammelten Beobachtungsergebnissen und einem Rechenschieber hin und arbeitete an seinen Berechnungen. Sein Büro war »ein Haufen Heu in einer kalten Truppenunterkunft«. Während der dritten Schlacht in der Champagne im April 1917 schickte er das Manuskript zur Aufbewahrung an das Stabsquartier in der Etappe, aber es ging verloren. Einige Monate später wurde es »unter einem Haufen Kohle wiederentdeckt«, wie er sich später erinnerte.[48]

Die Wartungscrew der Einheit lobte Richardson als »sorgfältigen und gewissenhaften Fahrer, der es vermied, achtlos durch Granattrichter zu fahren«.[49] Richardson selbst beurteilte seine Fähigkeiten kritischer: »Ich war ein schlechter Fahrer, denn manchmal sah ich statt des Verkehrs meinen Traum.«

*Richardsons Traum.* Die Beschreibung wurde in der meteorologischen Forschergemeinde berühmt, was vermutlich daran liegt, dass es fast unmöglich ist, sein Vorhaben praktisch zu beschreiben. Richardsons Ziel war eine sechsstündige Vorhersage für das Wetter am 20. Mai 1910. »Es kostete mich fast sechs Wochen, die Berechnungen zu entwerfen und die neue Verteilung in zwei vertikalen Spalten festzuhalten«, berichtete er. »Mit Übung kann die Arbeit eines durchschnittlichen Rechners vielleicht um das Zehnfache beschleunigt werden.« Das war eine optimistische Annahme.

Als Richardson seinen »Prognosepalast in Den Haag« entwarf, stellte er sich vor, zur Anwendung seiner Methode würden 500 menschliche Rechner genügen. Als er im Jahr 1922 sein Buch veröffentlichte, war er zu dem Schluss gelangt, dass ein Amt für die globale numerische Wettervorhersage eine Belegschaft von 63 000 Rechnern haben müsste. Es war verständlich, dass er angesichts dieser Zahl kleinlaut schrieb: »Das Vorhaben ist kompliziert, weil die Atmosphäre kompliziert ist.«

Das hielt ihn jedoch nicht davon ab, seinen Plan mit einer großartigen Vision für eine Vorhersagefabrik zu krönen. »Darf ich nach derart mühevollen Überlegungen mit einer Fantasievorstellung spielen?«, fragte er auf den letzten Seiten von *Weather Prediction by Numerical Process*. Er griff auf die Idee zurück, die er ein Jahrzehnt früher erstmals vorgestellt hatte: »Stellen Sie sich eine große Halle vor, eine Art von Theatersaal.« Aber an die Stelle des Theaters war mittlerweile etwas getreten, das eher wie ein Stadion aussah, mit steilen Rängen unter einer Kuppel, ausgemalt mit einer riesigen Weltkarte, wobei England »in der Galerie« und die Antarktis »im Parkett« zu finden war. Jeder menschliche Rechner arbeitete an den Gleichungen für das Wetter in dem Teil der Welt, in dem er saß. Die Rechner tauschten die Daten mittels »Nachtlichtern« aus, und die Geschwindigkeit der Berechnung wurde von einem Assistenten vorgegeben, der auf einer Säule stand und abhängig davon, ob ein Rechner den anderen vorauseilte oder hinterherhinkte, einen roten oder blauen Lichtstrahl auf ihn richtete. »Insofern ähnelt er dem Dirigenten eines Orchesters, dessen Instrumente Rechenschieber und Rechenmaschinen sind«, erklärte Richardson. Um verstehen zu können, wie man die simultanen Wetterentwicklungen rund um den Erdball bewältigen konnte, musste man sich ein Gebäude vorstellen, in dem man das tun konnte.

Der Mathematiker David Gelernter bezeichnet Richardsons Traum als eine »Spiegelwelt«, als Datenbank im Raum, die einen entsprechenden Raum in der Realität darstellte. Richardsons

Vorhersagefabrik war so etwas wie ein Palast vorgreifender Erinnerungen – kein Ort, an dem Erinnerungen an die Vergangenheit gespeichert wurden, sondern ein Gebäude, in dem die Atmosphäre der Zukunft berechnet wurde. Man könnte diese Konstruktion auch als »Modell« bezeichnen – und tatsächlich nahm die Architektur dieser Fabrik das für die heutigen Wettermodelle verwendete Design der parallelen Datenverarbeitung vorweg, in der zahlreiche Chips Seite an Seite arbeiten.

Aber der Himmel über Europa am 20. Mai 1910 hatte kaum Ähnlichkeit mit dem Himmel in Richardsons retrospektiver Vorhersage für diesen Tag. Dieses enttäuschende Ergebnis sollte die Bemühungen um eine Berechnung des Wetters jahrzehntelang behindern. (Die prognostizierte Personalerfordernis von 63 000 Mitarbeitern war ebenfalls nicht hilfreich.) Dass seine mit zwölf Jahren Verspätung angestellte Vorhersage falsch war, änderte jedoch nichts an Richardsons Überzeugung, dass seine Idee richtig war. »Vielleicht wird es irgendwann in ferner Zukunft möglich sein, die Berechnungen schneller anzustellen, als sich das Wetter entwickelt, und zwar zu Kosten, die geringer sind als die durch die Information ermöglichten Einsparungen«, erklärte er. »Aber das ist ein Traum.«

Erstaunlich ist, wie genau die Vorhersagefabrik die globale Betrachtungsweise der heutigen Wettermaschine vorwegnahm. In den Trümmern des Ersten Weltkriegs sah Richardson den politischen und technologischen Globalismus des Systems voraus, das wir heute kennen.

Bjerknes ließ sich nicht darauf ein, diese Berechnungsmethoden auszuprobieren, aber er wollte die Entwicklung der Wettervorhersage vorantreiben. Er verbrachte das erste Kriegsjahr in Leipzig,

wo er im Dienst der deutschen Kriegsmaschinerie stand. Er orga-
nisierte die Wetterbeobachtung und berechnete Windrichtung
und -geschwindigkeit für Artillerieeinheiten und den Einsatz
von Kampfgas. Fünf seiner Assistenten wurden an die Westfront
geschickt, wo sie den Tod fanden.[50]

Im Jahr 1917 kehrte er nach Norwegen zurück. Er war mittlerweile 55 Jahre alt und suchte weiterhin nach einer praktischen
Anwendungsmöglichkeit für seine Ideen. Norwegen war das
perfekte Laboratorium. Der Krieg hatte den internationalen Datenaustausch weitgehend unterbunden, weshalb das Sturmwarnsys-
tem an der norwegischen Westküste kaum noch funktionierte. Die
Handelsflotte des Landes war bedroht. Es kam zu einer Lebens-
mittelknappheit, und die Weizenernte war in Gefahr. Die Bauern
brauchten ebenso genaue Schlechtwetterwarnungen wie die jungen Fluggesellschaften, die gerade erst lernten, mit den Gefahren
des Fliegens in einem Land mit starken Schneefällen umzugehen.

Im Jahr 1918 gründete Bjerknes mit Unterstützung des norwegischen Staates in Bergen, einer Stadt an einem Fjord unweit der
Nordseeküste, das Vervarslinga på Vestlandet, das Vorhersagein-
stitut für Westnorwegen. Das Büro dieses »erweiterten Wetterdienstes« wurde im Obergeschoss seines eigenen Hauses in den
Hügeln oberhalb der Universität von Bergen untergebracht. Doch
er hatte nicht vor, das Wetter zu *berechnen*. Das Vervarslinga på
Vestlandet konzentrierte sich auf Menge und Präzision der gesammelten Daten und auf die Entwicklung neuer Auswertungsme-
thoden.

Als Bjerknes aus dem Krieg heimkehrte, gab es in Norwegen
nur neun per Telegraf verbundene Wetterwarten, darunter drei
an der Westküste.[51] Aber im Krieg waren neue Ressourcen bereit-
gestellt worden, darunter ein Netz von mit drahtlosen Telegrafen-

verbindungen und Messgeräten ausgestatteten Wachtürmen für die Beobachtung von U-Booten. Diese Ausrüstung konnte auch genutzt werden, um die Windrichtung auf wenige Grad genau zu messen. Die norwegische Kriegsmarine stellte Bjerknes ein Schiff zur Verfügung, mit dem er die Inseln und Leuchttürme entlang der Küste besuchen und seine neuen Wetterbeobachter schulen konnte. In kürzester Zeit nahm er zehn weitere Beobachtungsstationen in Betrieb, und im Frühjahr 1918 erhöhte sich die Zahl erneut um 40 Wetterwarten. Als Anfang Juli die Vorhersagesaison jenes Jahres offiziell begann, war das Netz der norwegischen Wetterwarten zehnmal dichter als in der Vergangenheit, und Bjerknes war in der Lage, ein Bild der Atmosphäre über Norwegen in einer unvergleichlich hohen Auflösung zu zeichnen.

Jeden Tag um acht Uhr morgens übermittelten die Beobachter ihre Daten per Telefon und Eiltelegramm an das Vervarslinga på Vestlandet. Ein vermutlich zu Werbezwecken gestelltes Foto aus jener Zeit zeigt die Szene: Im Vordergrund sitzt eine Frau, die ein Telefon, das eher wie ein Bügeleisen aussieht, an ihr Ohr hält. Sie schreibt etwas auf einen Notizblock, vermutlich die gemeldeten Wetterdaten. An der Wand hinter ihr hängen zwei große Diagramme, die infolge der intensiven Nutzung Eselsohren haben. Ein Assistent – Bjerknes' Sohn Jack – begutachtet ein Barometer, das wie ein Familienerbstück auf einem eigens dafür angefertigten Regal steht. An einem langen Tisch sitzen drei junge Assistenten, vor denen Federn und Tintenfässchen stehen. Der Mann, der am nächsten bei der Kamera sitzt, hat die Beine unter dem Tisch übereinandergeschlagen und wirkt selbstsicher und entspannt. Seine Hände sind beschäftigt. Zu seinen Füßen steht ein Papierkorb, in dem bald die Schmierzettel mit seinen Berechnungen landen werden.[52]

Die Assistenten trugen zunächst die Rohdaten – die von den Wetterwarten gemessenen Werte für Luftdruck und Windrichtung – in die Tageskarten ein. Dann begannen sie, nach Mustern zu suchen.

»Was haben wir heute entdeckt?«, fragte Bjerknes jeden Morgen. Um zehn Uhr vormittags gab das Institut seine Vorhersage für den folgenden Tag. Indem Bjerknes und seine Mitarbeiter Veränderungen von Windrichtung und Luftdruck feststellten, konnten sie »Konvergenzlinien«, wie sie es ausdrückten, sowie den normalerweise damit einhergehenden Niederschlag identifizieren. Die Karten, auf denen diese Linien eingetragen wurden, waren mit gebogenen Isobaren übersät, die alle politischen Land- oder Seegrenzen ignorierten.

Die Meteorologen bedienten sich der martialischen Sprache jener Zeit und bezeichneten die Konvergenzlinien als »Fronten« – ein Bild, das sie auf »Polarfronten« ausweiteten, die man sich als Gefechtslinie zwischen polaren und tropischen Luftmassen vorstellen konnte.

Diese Darstellung sollte sich durchsetzen, und die Methoden der »Bergener Schule« fanden in der folgenden Generation ihren Weg in die Universitäten und Wetterdienste in den Vereinigten Staaten und Europa. Die in Norwegen entwickelten Methoden kamen in der Wettervorhersage für die alliierte Landung in der Normandie zum Einsatz, und die Genauigkeit dieser Prognose trug wesentlich zum Überraschungseffekt der Invasion bei.[53] Doch genau genommen waren die Methoden der Bergener Schule nicht theoretisch.

Sverre Petterssen, ein norwegischer Meteorologe, der im Jahr 1923 in Bergen eintraf – und später an der Vorhersage für den D-Day arbeiten sollte –, war fasziniert von den neuen Methoden, sah jedoch ihre Beschränkungen. Als Meteorologiestudent in Oslo hatte er zu seiner Enttäuschung feststellen müssen, dass die Lehrbücher »bedauerlicherweise vollkommen veraltet« waren und »lauter in Tabellen angeordnete Daten und langweilige Beschreibungen einzelner Phänomene« enthielten, jedoch »kaum einen Hinweis auf die zugrunde liegenden physikalischen Gesetze«, wie er in seinen Memoiren schrieb.

Die Techniken der Bergener Schule hingegen fand Petterssen erfrischend und wissenschaftlich solide, wenn auch mit Einschränkungen: Die in Bergen und anderswo erstellten Wetterkarten enthielten lediglich »eine Reihe einfacher mathematischer Ausdrücke für die Geschwindigkeit, Beschleunigung und Entwicklungsrate von Wetterfronten und Sturmzentren, ohne nach dem *Warum* und *Wozu* zu fragen«, klagte Petterssen. »Ich musste mich mit dem *So ist es* zufriedengeben.«[54]

Bjerknes dagegen legte Selbstbewusstsein an den Tag und bemühte sich, den Erfolg seiner praktischen Methode zur Wettervorhersage ins rechte Licht zu rücken – obwohl sie seiner früheren Forderung widersprach, das Wetter müsse berechnet werden. »Fünfzig Jahre lang studierten die Meteorologen in aller Welt die Wetterkarten, ohne ihre wichtigsten Merkmale zu entdecken«, verkündete er triumphierend. »Ich gab nur die richtigen Karten geeigneten jungen Männern, und diese entdeckten rasch die Falten im Gesicht des Wetters.«[55] Dies ist eine wohlklingende Darstellung, aber es ist sonderbar, dass sich Bjerknes, der sich so leidenschaftlich für eine Mathematik des Wetters eingesetzt hatte, am Ende zurückzog und sich auf analytische Methoden beschränkte.

Der notwendige wissenschaftliche Kompromiss erwies sich – zu jener Zeit – als ausgesprochen nützlich. Der Historiker Frederik

Nebeker fällt ein pointiertes Urteil über diesen Kurswechsel: »Es ist paradox, dass der Mann, der als Verfechter der Berechnung des Wetters und als Fürsprecher einer auf den Gesetzen der Physik beruhenden Meteorologie bekannt wurde, auch derjenige war, der die Entwicklung einer Reihe wirksamer Techniken einleitete, die weder algorithmisch waren noch auf den physikalischen Gesetzen beruhten.«[56]

Bjerknes' größter Beitrag zur Wetterkunde war jedoch grundlegender Natur: Er zeigte, wie die wissenschaftliche Methode auf die Vorhersage des Wetters angewandt werden konnte. Jede Berechnung des Wetters konnte eine Hypothese sein, die vom Wetter, sobald es tatsächlich eintraf, bewiesen oder widerlegt würde. Seine Konzentration auf die Sammlung zahlreicher Beobachtungsdaten und die Verwendung zusätzlicher Daten zur Überprüfung seiner Berechnungen zeigten, wie seine abstrakte Mathematik und die Wechselhaftigkeit des Wetters miteinander verknüpft werden konnten.

Bjerknes erkannte, dass die Wettervorhersage ein archetypisches Beispiel für das war, was in der Wissenschaft als »Vorhersageproblem« bezeichnet wird. Dieses Problem nimmt verschiedenste Formen an und tritt auf, wenn man versucht, die Ausbreitung einer Krankheit, das Verhalten der Flamme eines Bunsenbrenners oder die Flugbahn der Fragmente eines explodierenden Objekts vorherzusagen. Jedes dieser Probleme kann auf die wissenschaftliche Methode zurückverfolgt werden, auf den Kreislauf von Hypothese und Verifizierung. Aber das Wetter ist insofern etwas Besonderes, als die Vorhersage seines Verhaltens auf die Gegenwart oder die nahe Zukunft beschränkt sein muss. Eine neue Methode zur Berechnung des Wetters kann anhand sämtlicher historischer Wetterdaten überprüft werden. Wenn sich eine Wettervorhersage als falsch erweist – was in gewissem Maß immer der Fall ist –, können die Wissenschaftler eine andere Methode ausprobieren und Teile ihrer Gleichungen modifizieren, so wie ein Optiker eine Einstellung an seinem Phoropter ändert. Bjerknes und Richardson mussten mit einer sehr geringen Menge an Wetterdaten arbeiten, und sie hätten zweifellos von einem Großrechner profitiert, aber ihr Vertrauen in das Potenzial ihrer Ideen war durchaus angebracht.

Sie zeigten der Welt auch, dass man wissen musste, wie die Atmosphäre der Gegenwart beschaffen war, um sagen zu können, wie Atmosphäre der Zukunft beschaffen sein würde. Um herauszufinden, was sein würde, musste man wissen, was war – überall gleichzeitig. Die gewaltige Maschine musste existierten – aber der Planet, auf dem die Menschheit lebte, war tatsächlich gewaltig. Wie konnte man die Beschaffenheit des Himmels sehen und messen?

Teil II

# Beobachtung

# 3

## Das Wetter am Boden

Es gibt keine Wettervorhersage ohne Wetterbeobachtung, und es gibt keine Wetterbeobachtung ohne Infrastruktur. Die Messinstrumente sind überall: an der Nase von Flugzeugen, in eingezäunten Anlagen am Straßenrand, in stillen Winkeln auf Schulhöfen und in den Gärten von Hobbymeteorologen. Ein Freund in Brooklyn hat auf seiner Dachterrasse neben seinem Grill ein Gerät am Geländer hängen. Das Instrument mit dem bauchigen weißen Plastikgehäuse und dem zirkulierenden schwarzen Windmesser sieht aus wie ein großes Badewannenspielzeug. Die Steuerungseinheit ist im Sockel untergebracht: Es ist ein grauer Kasten mit LCD-Bildschirm, der neben Windrichtung und -geschwindigkeit auch die Temperatur anzeigt.

Dieses Gerät könnte mit dem Internet verbunden werden, aber mein Freund hat sich nicht die Mühe gemacht: Ein unbekannter Nachbar hat seine Messstation bereits bei der Website Weather Underground angemeldet, und als mein Freund die von seinem Gerät ermittelten Werte mit denen des Fremden in der Nähe verglich, stellte er fest, dass sie fast immer identisch waren. Was hätte es für einen Sinn gemacht, seine Messwerte ebenfalls einzuspeisen? Konnte das Wetter auf der anderen Straßenseite tatsächlich anders sein? Für das große Bild wurden seine Daten nicht benötigt, aber deshalb waren sie für ihn persönlich nicht weniger wert: Sie brachten Ordnung in sein kleines Stück des Himmels.

Es gibt fast überall auf der Erde Wetterstationen, aber nicht alle Messstationen sind gleich geartet. In den letzten Jahrzehnten sind die wichtigsten Standorte in das Regionale Synoptische Basisnetzwerk integriert worden, das von der Weltorganisation für Meteorologie betrieben wird, einer Behörde der Vereinten Nationen, die (unter anderem) für die Koordinierung der Wetterbeobachtung zuständig ist.[57] Das Regionale Synoptische Basisnetzwerk besteht aus etwa 4400 Bodenstationen rund um den Erdball, die in ihrer großen Mehrheit von den nationalen Wetterdiensten betrieben werden und bestimmte Qualitäts- und Kalibrierungsstandards erfüllen müssen. Die genaue Zahl der aktiven Messstationen verändert sich ebenso wie die bürokratische Struktur des Netzwerks laufend, aber die Hierarchie der Wetterstationen steht fest: Einige Tausend in aller Welt sind besser ausgerüstet und werden sorgfältiger gewartet.

Die wichtigeren Messstationen kann man auf Flughäfen sehen, wo sie in Anlagen am Rand des Rollfelds untergebracht sind. Auf dem Flughafen LaGuardia in New York steht die Wetterstation neben der Rollbahn DD im braunen, von den heißen Triebwerksabgasen verbrannten Gras. Man erkennt einen sonderbar geformten Stahlbehälter, der sich etwa einen Meter über den Boden erhebt und von schimmernden Metallfinnen umgeben ist. Das Instrument, das ein wenig wie ein mittelalterlicher Hularock aussieht, misst den Niederschlag. Daneben stehen zwei Pfosten, auf die zylindrische Sensoren montiert sind, die jeweils auf einen weiteren kleinen Sensor gerichtet sind, der ein paar Meter entfernt in einer stählernen Haltung angebracht ist und wie ein ausgemergelter Roboter wirkt, der in einen Schminkspiegel starrt. Das eine Instrument misst die Sichtweite, das andere ist für die Niederschlagsidentifizierung zuständig, das heißt dafür festzustellen, ob es regnet oder schneit. An der Spitze eines zehn Meter hohen, in Weiß und Rosa angestrichenen Turms (das Rosa war ursprünglich ein Rot, das mittlerweile verblasst ist) befindet sich ein Ultraschallwindsensor.

Die Messstationen, die Daten an das Regionale Synoptische Basisnetzwerk übermitteln, werden oft von einem Beobachter betreut. Der Niederschlagsmesser auf dem Flughafen LaGuardia kann Regen nicht von Eis unterscheiden. Ein Ceilograf (Wolkenhöhenmesser) misst die Wolkendecke, allerdings nur direkt über dem Flughafen. Das Gerät würde selbst die dichteste Nebelbank, die sich aus dem Westen von Manhattan her näherte, erst in dem Moment registrieren, in dem sie tatsächlich den Flughafen einhüllte. Um diese Defizite der Technik zu kompensieren und sich gegen einen Ausfall des automatisierten Systems abzusichern, beschäftigt LaGuardia ebenso wie 134 weitere Flughäfen in den Vereinigten Staaten zusätzlich Beobachter – einen Menschen, der das Wetter sowie die Maschinen beobachtet, die das Wetter beobachten. (In Deutschland gibt es fünf Luftfahrtberatungszentralen des Deutschen Wetterdienstes auf den Flughäfen Frankfurt, München, Berlin, Essen und Hamburg. In Österreich und der Schweiz liegen sogar die staatlichen Wetterzentralen an Flughäfen, nämlich Austro Control am Flughafen Wien-Schwechat und Meteo am Flughafen Zürich-Kloten.)

Die Tagesschicht am Flughafen LaGuardia hat Paul Sauer übernommen. Während der Ceilograf nur in gerader Linie nach oben schaut, blickt Sauer, der übrigens einen Doktortitel in Philosophie hat, in alle Richtungen.

In dem Bemühen, das Wetter zu beobachten und zu messen, müssen zahlreiche Widersprüche bewältigt werden: zwischen der grenzenlosen Erdatmosphäre und den politischen Grenzen, die ihre Kontinente zerteilen, zwischen der internationalen Kooperation im Management des Systems und der Autonomie der einzelstaatlichen Wetterdienste, die in den einzelnen Teilen des Systems tätig sind. Das Regionale Synoptische Basisnetzwerk ist ein Bestandteil des großartig klingenden Globalen Beobachtungssystems, das wiederum Teil des noch großartiger klingenden Programms World Weather Watch ist. Es wird fast immer mittels einer Infografik dargestellt, die regelmäßig in den Wetterstationen und Wetterdiensten auftaucht. In der Grafik wird die Erde in drei ungleiche Bereiche unterteilt: in einen hellblauen Himmel, einen dunkelblauen Ozean und ein grünes Land. Jedem Bereich werden Piktogramme der Teile des Beobachtungssystems zugeordnet, die jeweils mit Großbuchstaben gekennzeichnet sind: OCEAN DATA BUOYs, die im Meer treiben und hohe Wartungskosten verursachen, AIRCRAFT, die auf die Teilnahme der Fluggesellschaften angewiesen sind, UPPER-AIR STATIONs, wo die staatlichen Wetterdienste zweimal täglich Ballons aufsteigen lassen, sowie AUTOMATIC STATIONs, zu denen auch einfache Sensoren zählen, die irgendwo an einer Ampel hängen. Verbunden werden all diese Messstationen durch rote Linien, an denen Pfeile sitzen, die alle zu einer menschlichen Figur führen, die an einem Computer vor einer Karte sitzt, welche die Erdkugel darstellt. Neben diese Meteorologenfigur wurde ein altmodischer Zentralrechner mit Magnetspeicherbändern platziert, der offensichtlich für die Errechnung der Wettermodelle steht. Dargestellt wird eine anscheinend von Thermometern, Anemometern, Satelliten und Bojen übersäte Welt, die allesamt ihre Daten in dieselbe

Richtung schicken: zu einer Person, die an einem Computer sitzt, der mit einem größeren Computer verbunden ist, der eine numerische Simulation der Atmosphäre ausspuckt. Das globale Beobachtungsnetz und die von diesem gefütterten Modell werden als ein einziges, einheitliches Gebilde dargestellt.

Aber dieses Bild verdeckt eine grundlegende Spannung zwischen den spezifischen Ergebnissen der einzelnen Beobachtungsstationen – die jeweils die Atmosphäre mit einem Sensor in einem Wohnviertel, mit einer Boje in einem Hafen oder mit einem Instrument auf einer Flugroute messen – auf der einen und der Realität einer einzigen ununterbrochenen Atmosphäre der Erde auf der anderen Seite. Um Ruskin zu zitieren: Dieses Bild zeigt den Raum, aber nicht den Punkt.

Es ist leicht zu sagen, dass die Wettervorhersagen von Beobachtungen rund um den Erdball abhängen. Schwieriger ist es, den einzelnen Stationen gerecht zu werden, Zehntausenden realen Orten, die jeweils ein kleines Feld der Atmosphäre messen. Wenn man sie in Bausch und Bogen als Ansammlung von Instrumenten betrachtet, die wie durch Zauberei mit einem globalen Netzwerk verbunden sind, lässt man die oft lange und stets lokale Geschichte jeder einzelnen Messstation außer Acht, das, was ich als unbeweglichen Bestandteil des Systems bezeichnen möchte.

Es gibt eine reichhaltige Überlieferung über das Leben der Wetterstationen. Als sich der Hurrikan »Florence« im Jahr 2018 der Küste North Carolinas näherte, wurde ein stillgelegter Leuchtturm der Küstenwache namens Frying Pan Tower, der 55 Kilometer vor der Küste auf einer Sandbank steht, für kurze Zeit berühmt, als er die Ankunft des Wirbelsturms übertrug: Ein vergessener Ort rief sich dank eines einzigartigen Blicks auf das Wetter in Erinnerung.

Das New Yorker Büro des nationalen amerikanischen Wetterdienstes war jahrzehntelang im Rockefeller Plaza Nr. 30 untergebracht – die Instrumente standen genau über dem berühmten
roten Neonschild auf dem Dach –, an einem Ort, der, so unpas-
send es auch scheinen mag, genauso geeignet und genauso wichtig für die Wetterbeobachtung war wie jeder Leuchtturm. (Später
fand diese Wetterwarte eine weniger glamouröse, aber geräumigere
Heimstatt auf Long Island, wo sie auf dem Gelände des Brookha-
ven National Laboratory untergebracht wurde.)* Und dann sind
da abgelegene Wetterwarten in der Wildnis, an Orten wie Jan
Mayen, einer zu Norwegen gehörenden Vulkaninsel, die auf halbem Weg nach Grönland nördlich von Island im Nordpolarmeer
liegt. In der Station, die zu besuchen fast unmöglich ist, sind
18 Mitarbeiter und zwei Hunde stationiert. (Ein Militärflugzeug
fliegt sie elfmal im Jahr an.) Aber wenn es um die Wetterbeobachtung geht, übt diese Weltregion einen Reiz aus, dem ich mich
nicht entziehen konnte, was teilweise an Vilhelm Bjerknes lag.

Als er gemeinsam mit seinem Sohn Jack die Resultate des ersten Sommers einer intensiven Wetterbeobachtung im Vervarslinga på Vestlandet veröffentlichte, ergänzte er die Daten durch
einen von ihm selbst entwickelten Atlas: In den Umrissen Norwegens waren die Standorte der Beobachtungsstationen eingetragen,
die das Land wie ein gemustertes Hemd bedeckten.[58] Ich konnte
mir lebhaft vorstellen, wie die Assistenten in jenem Haus auf dem
Hügel über Bergen saßen, die telefonisch übermittelten Daten
entgegennahmen und auf den Karten ihre Fronten einzeichneten.

---

* Der Deutsche Wetterdienst besitzt nur noch wenige Wetterwarten,
  auf denen Meteorologen hauptamtlich tätig sind, so etwa auf Deutschlands
  höchstem Berg, der Zugspitze (Anm. d. Ü.).

Hingegen fiel es mir schwerer, mir die Orte am anderen Ende
der Leitungen vorzustellen, die auf der Karte markierten Mess-
stationen. Standen die Instrumente auf Bauernhöfen oder auf den
Dächern von Schulgebäuden? Auf dem Dach des Büros eines
Hafenmeisters oder auf einem Felsen neben einem Leuchtturm?
Bjerknes' Karte der Wetterstationen sollte nicht die fließende
Atmosphäre veranschaulichen, sondern ihren weniger bewegli-
chen Betrachter. Es war keine Wetterkarte, sondern eine Infra-
strukturkarte. Diese Wetterstationen waren die Grundlage für
Bjerknes' Erkenntnisse, aber sie waren unbestimmt, unkenntlich.

Ich konnte bereits sehen, wie einfach es war, »die Beobachtungen« als selbstverständlich zu betrachten und anzunehmen, dass
sie einfach irgendwie alle auf einmal »passierten«, als Produkt
eines unsichtbaren Systems von Arbeitsbienen und Messinstrumenten.

Aber wie sah jede einzelne von ihnen wirklich aus? Im Lauf von
anderthalb Jahrhunderten war eine riesige weltweite Maschine
zur Wetterbeobachtung zusammengesetzt worden, und Bjerknes
hatte wesentliche Beiträge zu dieser Konstruktion geleistet. Ich
dachte, dass die Geschichten seiner Beobachter, wenn sie zurück-
geholt werden konnten – oder wenn sie nie verschwunden waren –,
sehr viel dazu beitragen könnten, die Entwicklung der Wetterbeobachtung im Lauf der Zeit nachzuvollziehen und zu verstehen, was es eigentlich bedeutet, das Wetter zu »beobachten«,
anstatt es einfach nur zu erleben, wie wir es jeden Tag tun.

Niemand kennt die Verteilung und die Standorte der norwegischen Wetterstationen so gut wie Gabriel Kielland. Er leitet am
Meteorologischen Institut in Oslo jene Abteilung, die für die Qualität der Wetterbeobachtung verantwortlich ist. Bevor ich mich mit

Anton Eliassen zum Mittagessen traf, besuchte ich Kielland in dem 1939 errichteten roten Backsteingebäude des Instituts am Stadtrand von Oslo in der Nachbarschaft der Universität. Vor dem Gebäude steht auf einer Rasenfläche eine Ansammlung von Messinstrumenten, die wie eine Skulptur in einem Büropark wirken. Wir setzten uns in Kiellands hohem Büro zusammen, und er rief auf seinem Bildschirm eine Liste auf, die Aufschluss über den Zustand des Netzes der rund 400 norwegischen Wetterstationen gab. Nicht für alle war Kielland zuständig. Es gab außerdem mehrere hundert Stationen entlang der Autobahnen, für die das Verkehrsamt verantwortlich war. Dazu kamen die Messinstrumente auf Ölplattformen in der Nordsee, die Schritt für Schritt die alten Leuchttürme als Beobachtungsstationen ablösten. Alle funktionstüchtigen Stationen waren grün markiert; jene, bei denen kürzlich ein Problem behoben worden war, leuchteten gelb, und alle, die ausgefallen waren, waren rot markiert. »Hier gibt es also ein Problem«, sagte er und zeigte auf eine Zeile in der Liste: Der Wasserbehälter des Niederschlagsmessers vor seinem Fenster musste geleert werden. Kielland kicherte vergnügt, die Fehlermeldung in nächster Nähe war ihm nicht peinlich.

Als ich ihm Bjerknes' Karte vorlegte, nahm er die Herausforderung sofort an und machte sich daran, die Standorte der Wetterwarten zu identifizieren. Viele dieser Orte erkannte er ohne den geringsten Zweifel. »Die ersten Wetterstationen wurden in Telegrafenbüros untergebracht«, erklärte er. Aufgrund von Norwegens ungewöhnlicher Geografie befanden sie sich mit einer Ausnahme allesamt an der Küste – oft unweit der Leuchttürme, die überwiegend nahe bei Hafeneinfahrten errichtet worden waren. »Dies sind also strategische Orte«, erklärte Kielland.

Aber einige wenige Punkte auf der Karte machten ihn stutzig. Er hatte den Verdacht, dass sie entweder nicht existierten oder absichtlich falsch eingetragen worden waren. »Abgesehen von meinem Betrugsvorwurf ist es offenkundig eine große Leistung, derart viele Winddaten zu sammeln«, sagte er trocken.

Die Beobachtungsstationen schienen seit eh und je zu bestehen, es war, als wären sie in den Fels gemeißelt. Ich fragte Kielland, welche Stationen es seit damals gab. Gab es dort draußen vielleicht eine hundert Jahre alte Wetterwarte, die noch heute Daten nach Bergen oder weiter nach Oslo schickte? Vielleicht bei einem der Leuchttürme?

»Die Leuchttürme befinden sich alle an abgelegenen Orten«, antwortete er, »aber am ehesten käme wohl Utsira infrage.« Utsira liegt auf halbem Weg zwischen Bergen und Stavanger vor der Küste. »Der Leuchtturm gehörte von Anfang an zum System, seit etwa 1860. Das ist ein guter Platz.«

Utsira ist eine winzige Insel mit der Gestalt eines Rorschach-Kleckses, die etwa 15 Kilometer vor der norwegischen Küste in der Nordsee liegt. Utsira ist vielleicht nur ein einzelner Punkt, aber darum ging es mir ja. Die einzelnen Punkte ermöglichen uns das Verständnis des Ganzen. Jeder Ort hat eine Geschichte zu erzählen, aber erst, wenn wir sie alle miteinander verbinden, erzählen sie die ganze Geschichte: Dann liefern sie ein Bild der Erdatmosphäre in einem Augenblick, den notwendigen Ausgangspunkt für den Entwurf eines Bildes der Atmosphäre im nächsten Augenblick. In der Datenbank des Regionalen Synoptischen Basisnetzwerks hatte Utsira die Stationskennnummer 1403. Der Standort wird mit 59° 18′ 23″ nördlicher Breite und 4° 52′ 20″ östlicher Länge angegeben. Diese Metadaten sind wichtig: Sie stellen die Struktur dar, welche die aus Utsira gemeldeten Daten nützlich

für die Welt machen, denn nur so können die Beobachtungen
auf eine Karte übertragen oder in einen Superrechner eingespeist
werden.

Ich betrachtete jedoch lieber die menschliche Dimension von
Utsira: Wenn wir uns die Wettervorhersage für den morgigen Tag
anschauen, vergessen wir oft (sofern es uns je bewusst war), dass
dafür jemand gestern den Himmel beobachten musste.

Der Flug nach Utsira verlief ruhig und ohne Störungen, die
Maschine wurde nicht ein einziges Mal von der Luft draußen
durchgeschüttelt. Während das Flugzeug die Berge überquerte,
konnte ich mich nicht vom Anblick der Wolken über Norwegen
losreißen. Sie waren flauschig und vielfältig, so als wäre jede einzelne mit einer anderen Form gegossen worden. Es war wie eine
Parade von Elefanten: große, massive Körper, in gleichmäßiger
Distanz voneinander, dunkel an der Unterseite und gleißend an
der Oberseite.

Wir glitten zwischen diesen Ungetümen hindurch hinab nach
Haugesund. Am Flughafen dieses Städtchens, das auf halbem Weg
die norwegische Nordseeküste hinauf liegt, gab es keinen Flug-
steig, aber die feuchte Luft war frühlingshaft warm, als ich über
das Rollfeld zum eingeschossigen beigefarbenen Terminal ging.
Über einem großen runden Fenster in einem hellblauen Rahmen
stand in Englisch: »Willkommen in der Heimat der Wikinger-
könige«.

Auf dem Weg nach Utsira durchquerte ich Haugesund, das am
Smedasund liegt, einer schmalen Meerenge, die sich zum Karmsund öffnet, einer größeren Meerenge, durch deren ruhiges Wasser einst jeden Morgen der Wettergott Thor watete. In jüngerer
Zeit wurde der Karmsund als Schifffahrtsweg genutzt, dem die

Handelsstadt Haugesund ihren Wohlstand verdankt. Als ich über den Pier ging, um an Bord der Fähre zu gelangen, die hier nur »das Utsira-Boot« heißt, sah ich den jüngsten Beleg für den wirtschaftlichen Erfolg der Stadt: eine 25 Stockwerke hohe schwimmende Umspannplattform, die sich über den Hafen erhob wie ein vierbeiniges gelbes Ungeheuer. Die in Dubai gebaute Anlage sollte in Kürze zu einem Offshore-Windpark in der Nordsee geschleppt werden, von wo aus sie Millionen Haushalte in Deutschland mit Strom versorgen würde. Hier wurde das vorläufig letzte Kapitel in der Geschichte des norwegischen »Offshore-Booms« geschrieben: Im 19. Jahrhundert war es der Hering gewesen, nach dem Zweiten Weltkrieg das Nordseeöl, und jetzt war die Windenergie dazugekommen. Norwegen hatte seine Ansprüche auf die Öl- und Gasvorkommen unter dem Boden der Nordsee in den Sechzigerjahren geltend gemacht, wobei Utsira dabei geholfen hatte, sein Hoheitsgebiet ein wenig weiter ins Meer hinauszuschieben. Seit damals nimmt der norwegische Staatsfonds Oljefondet dank des Öls jedes Jahr mehr als eine Billion Dollar an Steuern und Lizenzgebühren ein, und das Land ist zum achtgrößten Erdölexporteur der Welt aufgestiegen.

Die Fähre Utsira war ein Beleg dafür, dass es den Norwegern nicht an Geld mangelte. Sie war ein nagelneues, bulliges, robust wirkendes kleines Schiff, dessen blaue Bordwand sich von der Wasserlinie hinauf bis zu einem ungewöhnlich hohen Oberdeck erstreckte. Die großen Laderampen standen offen, der Stauraum für die Fahrzeuge war leer. Es war weit und breit kein Mensch zu sehen. Ich stieg über eine steile Treppe hinauf zum Passagierraum, der mit Feigenbäumen und hübschen Schwarzweißfotos der Insel dekoriert war, die in Bilderrahmen von Ikea hingen. Auf dem Bildschirm lief die amerikanische Realityshow *Hardcore Pawn*.

Ich hatte auf YouTube ein beängstigendes Video von einem Schiff gesehen, das in dem Gewässer, das wir durchqueren würden, wie auf einer Achterbahn über meterhohe Wellen ritt. Aber an diesem Tag schwappte ein ruhiges Meer sanft gegen den Pier. Das Schiff legte ab und glitt zwischen den Felsküsten, die von modernen Stadthäusern und alten Fischerhütten gesäumt wurden, hinaus aufs Meer. Ein bärtiges Besatzungsmitglied in Birkenstock-Sandalen und Gummihose machte die Runde und kassierte den Fahrpreis von acht Dollar. Die Utsira war eine sehr preisgünstige Zeitmaschine, die mich in die Wetterinfrastruktur des 19. Jahrhunderts zurückbrachte.

Auf Utsira gab es schon einen Wetterbeobachter, als Norwegen noch keinen Wetterdienst hatte. Der Ort, von dem aus das Wetter damals wie heute beobachtet wird, ist eine Grasfläche zwischen zwei Leuchttürmen, die unweit der höchsten Erhebung der Insel an den beiden Hängen eines Kammes stehen. Die als Utsira Fyr bezeichneten Leuchttürme wurden im Jahr 1844 gebaut, um Schiffe auf dem Weg nach Haugesund um die Heringsfischgründe herumzuleiten. Utsira hatte einst selbst zwei wichtige Häfen, jeweils einen auf jeder Seite der Insel, damit die Schiffe unabhängig von der Richtung, aus der die brutalen Winde wehten, immer Schutz fanden.

Anfangs wurde die Windgeschwindigkeit vom Leuchtturmwärter gemessen, der dazu eine von dem Offizier Francis Beaufort von der Royal Navy erfundene Skala verwendete. Der Leuchtturmwärter sah aus dem Fenster und beurteilte die Bewegung von Rauch und Bäumen. Stieg der Rauch vertikal aus den Kaminen, so trug er eine Windstärke von 0 ein. Bewegten sich dicke Äste, so hatte er es mit Windstärke 6 zu tun. Als Henrik Mohn im

Jahr 1866 die Leitung des neu gegründeten Norwegischen Meteo-rologischen Instituts übernahm, erweiterte er die Pflichten des Leuchtturmwärters um Temperaturmessungen, deren Resultate dreimal täglich per Postkarte zu übermitteln waren.

Als im Jahr 1869 ein Telegraf auf Utsira installiert wurde, ver-wandelte sich die Insel in einen unverzichtbaren Vorposten im Frühwarnsystem für Nordseestürme. Für die Briten hat die Insel Utsira – oder zumindest ihr Name – einen sentimentalen Wert: North Utsire und South Utsire sind zwei der Seegebiete, die in der Schifffahrtsvorhersage besungen werden, die noch heute von Radio 4 der BBC ausgestrahlt und abends von einer kitschigen Version von »Sailing By« begleitet wird.[59]

Die Topografie bestimmt das Leben auf Utsira. Die mit Granit-brocken übersäten sattgrünen Hügel wirken wie eine riesige Mini-golfanlage. Die Häuser klammern sich an die Felsen und werden von segelgroßen Flaggen hart am Wind gehalten. Die größten und schönsten gehören »Ölbossen«, wie mir ein Einheimischer erklärte: Sie pendeln mit dem Hubschrauber zwischen der Insel und den Bohrinseln und verbringen zwei Wochen auf See und vier Wochen an Land. Aber die Topografie ist nichts ohne die geografische Lage und die wirtschaftlichen und politischen Vor-teile, die diese mit sich bringt.

Die Politik hat ebenso viel wie die Meteorologie dazu bei-getragen, dass Utsira ein wichtiger Ort für die Wetterbeobach-tung geworden ist. Die Insel war nie einfach ein neutraler Vorposten zur Beobachtung der Atmosphäre, sie war stets auch ein politisches Pfand. Utsira ist isoliert wie alle Inseln, aber es wirken seit jeher größere Kräfte auf diesen Ort. Utsira ist das Tau in einem Tauziehen. Die längste Zeit ging die überwiegend gutartige Anziehungskraft von Oslo aus. Noch heute hängt

Utsira von staatlicher Unterstützung ab, und es fließt viel Geld auf die Insel.

Die modernen Messinstrumente zwischen den Utsira-Fyr-Leuchttürmen stehen am Rand eines Hofes am Fuß des Hügels, der von den beiden Türmen flankiert wird. Temperatur, Niederschlag, Luftfeuchtigkeit, Windrichtung und -geschwindigkeit werden von der Wetterstation automatisch übermittelt. Aber es gibt auch eine Person, die bei einem Ausfall der Instrumente eingreifen und jene nuancierten Beobachtungen vornehmen kann, zu denen automatisierte Instrumente nicht imstande sind.

Der vom Meteorologischen Institut beschäftigte Teilzeitmitarbeiter der Wetterwarte von Utsira ist einer von sechzig über ganz Norwegen verteilten Beobachtern, deren Aufgabe es ist, die Wolkendecke zu messen und die Art des Niederschlags zu bestimmen. An vielen Orten sind die Wetterbeobachter Bauern, welche die Aufgabe von ihren Eltern und Großeltern übernommen haben – ein menschliches Bindeglied zwischen dem Land, seiner Bevölkerung und dem Wetter. Auf Utsira wurde das Wetter dreißig Jahre lang von Thorbjorn Rasmussen beobachtet, der zugleich der Bürgermeister der Insel und ihr letzter Leuchtturmwärter war. Als er in den Ruhestand trat, übernahm ein Niederländer namens Hans van Kampen seinen Posten.

Ich traf mich nach dem Mittagessen beim Leuchtturm mit van Kampen, einem Mann mit einem verwitterten roten Gesicht und einem rotgrauen Wuschelkopf. Er besuchte Utsira im Jahr 2006 gemeinsam mit seiner Frau, verliebte sich in die Insel und blieb. Die beiden übernahmen die einzige Kneipe im Ort, und als die Schule in ein modernes Glasgebäude umzog, kauften sie das alte Schulgebäude, zogen in den ersten Stock und eröffneten im Erdgeschoss ein Restaurant. Ihre Gäste sind überwiegend Touristen, die einen Tagesausflug zur Insel unternehmen, aber das Geschäft läuft nur an Tagen, an denen die See ruhig ist. Niemand will für ein nettes Mittagessen und ein wenig Vogelbeobachtung eine Stunde Seekrankheit auf sich nehmen. »Die Leute fürchten sich vor dem Wind hier«, erklärte mir Hans. »Je stürmischer es ist, desto weniger kommen.«

Das Geschäft mit den Einheimischen ist sicherer: Van Kampen besitzt die einzige Espressomaschine auf der Insel. Seine Gäste wissen, dass er für das Meteorologische Institut arbeitet, und bitten ihn oft um eine Vorhersage, weil ihnen nicht bewusst ist, dass er nicht die Zukunft, sondern die Gegenwart beobachtet. Um die Leute nicht zu enttäuschen, hat er es sich zur Gewohnheit gemacht, jeden Tag einen Blick auf die öffentliche Website des Meteorologischen Instituts zu werfen – ihr Name ist Yr (Nebel). Die Informationen, die er dort findet, gibt er dann an die Besucher weiter. Sechsmal täglich studiert Hans den Himmel über der Insel, oft während er draußen bei der Hintertür steht und eine Zigarette raucht. Seine Vorgänger schickten Postkarten, aber van Kampen nutzt eine Reihe von Dropdown-Menüs auf der Website des Instituts, um seinen Bericht an Kiellands Abteilung in Oslo zu übermitteln. Das norwegische Zentrum speist die Informationen in das globale meteorologische Netz ein, wo sie Teil des Datenstroms werden, der durch das globale Telekommunikationssystem der Weltorganisation für Meteorologie fließt und zu Wettermodellen verarbeitet wird, auf denen die Vorhersagen auf der Website Yr beruhen. Und wenn die Zukunft wieder zur Gegenwart wird, steht van Kampen bereit, um sie zu beobachten.

Seine zweite Aufgabe besteht darin, die automatischen Messinstrumente beim Leuchtturm zu warten. Nach einer Tasse Kaffee stieg van Kampen in seine Gummistiefel (»Wir haben sehr viel Schafscheiße hier«), damit wir uns die Anlage näher anschauen konnten. Der Ort der Messstation war seit anderthalb Jahrhunderten derselbe, aber die Ausrüstung auf dem neuesten Stand. Die Instrumente waren in einem großen Kasten mit Giebeldach untergebracht, der ein wenig aussah wie ein Puppenhaus und sich ungewöhnlich hoch über dem Boden erhob. Ich stieg über eine kleine Holztreppe hinauf, die wie eine Rampe zu einem Hühnerhaus wirkte. Van Kampen war recht groß, sodass ich jetzt auf Augenhöhe mit ihm war. Er öffnete einen verrosteten Riegel, und wir warfen einen Blick hinein.

An der linken Wand des Häuschens befanden sich die Messsonden für Temperatur und Feuchtigkeit, die mit ihren nach oben gebogenen Kabeln aussahen wie kleine weiße Regenschirme, die in einem Schirmständer abgestellt worden waren. Der Feuchtigkeitssensor war im Kellerlabor von Kiellands Abteilung in Oslo mit einer Maschine, die aussah wie eine eiserne Lunge, kalibriert und anschließend auf die Insel gebracht worden. An der Wand gegenüber von diesen Sonden waren zwei alte, seit Langem nicht mehr benutzte Quecksilberthermometer angebracht, die mittlerweile verrostet waren. Außerhalb der Hütte stand der Niederschlagsmesser mit einer dem Himmel zugewandten flachen Oberfläche, die wie ein Essteller aussah. Die Telekommunikationsausrüstung, die vor langer Zeit den menschlichen Beobachter, der die Temperatur- und Windmessungen übermittelte, überflüssig gemacht hatte, war in einem kleinen Raum in der Garage der Anlage an der Wand montiert: Man sah nur Kabel, die in zwei Stahlkästen von der Größe einer Mikrowelle führten.

Direkt hinter dem alten Haus des Leuchtturmwärters stand ein moderner Regenmesser mit Metallblättern, die den Behälter gegen den Wind abschirmten. Auf dem Kamm unweit des Leuchtturms stand ein Ultraschallmessgerät, das Windrichtung und -geschwindigkeit aufzeichnete; dieses Hochtechnologieinstrument hatte die altmodischen Anemometer ersetzt, die sich seit 1932 auf Utsira gedreht hatten.

Es war an der Zeit für van Kampens Mittagsmessung. Wir standen am Fuß des Thermometergehäuses, und er holte zwei kleine Bücher aus einer Umhängetasche. Das erste war ein ringgebundener, in Farbe gedruckter Beobachtungsleitfaden des Meteorologischen Instituts. Auf Seite 19 fand sich eine Liste mit Nummerncodes, die von 0 bis 9 reichten und der Dichte der Wolkendecke entsprachen – es war noch dasselbe Protokoll, das Henrik Mohn auf dem ersten Kongress der Internationalen Meteorologieorganisation vorgeschlagen hatte. Das zweite Buch war van Kampens offizielles Journal, in dem er seine elektronisch übertragenen Beobachtungen auf Papier festhielt. Van Kampen zog eine buschige Augenbraue hoch und musterte den Himmel. Ich ahmte seine Haltung nach und versuchte zu sehen, was er sah. »Also Nieselregen, nicht wahr?«, sagte er. Ich stimmte zu. Es nieselte tatsächlich. Er kritzelte etwas in sein Buch. »Höhe des Himmels? Vierhundert Meter, würde ich sagen. Sicht? Wir können das Ende der Insel nicht sehen, also vielleicht zwei Kilometer, mehr sicher nicht. Wolkentyp? Ich weiß nicht, wie ich es übersetzen soll: *Nebelwolken?* Ach was, wir schreiben einfach ›graue Wolkendecke‹. Wenn das die einzigen Wolken sind, die man sehen kann, ist es ganz einfach. Da oben ist nichts Besonderes. Oder vielleicht ist da etwas, das man jedoch nicht sehen kann – also muss ich es nicht melden.« Er lachte, vor allem über sich selbst, aber ich hatte das Gefühl, dass er sich auch ein wenig über mich lustig machte.

Die Versuchung ist groß, Hans van Kampens Leben auf Utsira romantisch zu verklären. Tatsächlich klingt es romantisch, am

Rand der Welt den Himmel zu beobachten und Espresso zuzubereiten, fern der Zeit und an diesem Ort verwurzelt. Aber es ist naturgemäß auch ein sehr alltägliches Leben. Van Kampen beobachtet das Wetter an diesem einen Ort, damit der Rest von uns erfährt, wie das Wetter an allen Orten ist. So funktionieren Wetterwarten seit jeher. Ich wollte ihn fragen, ob er das Gefühl habe, an einem Vorhaben beteiligt zu sein, das größer war als seine Teile, ob er ein tiefes Verständnis der Unbeständigkeit des Wetters und seines Platzes auf der Erde gewonnen habe, das dem Bild von der Welt ähnelte, das er sich als Kind gemacht hatte. Stattdessen fragte ich ihn, ob er das Wetter *wirklich kenne.*

»Ich weiß, wann es kalt und wann es feucht ist«, antwortete er. Meine Hoffnung auf ein wenig Thoreau'sche Mystik hatte sich zerschlagen. Dann verabschiedete er sich. Er musste zurück ins Restaurant.

Als ich allein war, ging ich den kleinen Hügel zum Leuchtturm hinauf. Ich konnte rund um mich das Meer sehen, aber es war anders, als auf einem Schiff zu sein. Ich stand auf festem Boden aus Gras und Moos und Granit, auf einem mit Schafdung und weißen Wollbüscheln übersäten grünen Flecken. Der berühmte Wind von Utsira heulte. Ich ging um den Turm herum, den Blick auf den Ozean gerichtet, die Nase in der Brise, die Hände in den Hosentaschen, als ich über etwas stolperte.

Im Granit steckten vier Bolzen von etwa 15 Zentimetern Länge, der Abfall eines Jahrhunderts der Wetterbeobachtung an diesem Ort. Als ich mich aufrappelte, meine Jeans feucht vom Moos, hatte ich plötzlich das Gefühl, dass sich meine Perspektive geändert hatte: Dies hier war der Hebel des Archimedes, der Ort, an dem man sich festhielt, um die Luft zu messen. Ich fühlte die Reibung zwischen dem Wind und diesem am Felsen der Erde hängenden Anker, fühlte sie vollkommen klar, an diesem einen Ort, wo sich das Land aus dem Meer erhob und die Atmosphäre vorbeiströmte. Mir wurde klar: Das ist, was Wind wirklich *ist*.

Das ist das Wesen einer Wetterwarte: Man hat festen Halt an einem Ort, sodass man die vorbeiströmende Atmosphäre messen kann. Der Kontrast zwischen Statik und Dynamik trägt wesentlich zu der Faszination bei, die das Wetter und das laufende Projekt der Menschheit zu seiner Beobachtung und Vorhersage auf mich ausüben. Nicht viele Orte sind so fest in der Zeit verankert wie Utsira, so unveränderlich. Deshalb ist es dort leichter, die täglichen Rhythmen des Wetters und die notwendige Wachsamkeit bei seiner Beobachtung zu verstehen.

Orte wie Utsira sind ein unverzichtbarer Bestandteil des weltumspannenden Systems der Wetterbeobachtung, was nicht zuletzt an ihrer langen und ununterbrochenen Geschichte liegt. Und dennoch ist Utsira nur ein Punkt auf der Karte, und Vilhelm Bjerknes wusste, dass die Zahl dieser Punkte nie genügen würde. Um das Wetter genau vorhersagen zu können, musste er seine Gleichungen mit mehr Daten füttern – es bedurfte einer umfassenderen und ununterbrochenen Beobachtung.

Utsira und die Bodenstationen stammten aus der Ära Fitzroys im 19. Jahrhundert. Er wusste schon damals, was er sehen wollte, auch wenn das unmöglich war: Er wollte die Atmosphäre so sehen, »als würde ein Auge im Weltraum auf den gesamten Nordatlantik hinabschauen«.

Dieses Auge sollte sich nach dem Zweiten Weltkrieg tatsächlich öffnen.

# 4

# Der Blick von oben

Im Zweiten Weltkrieg litt Utsira sehr. In Kriegszeiten bewahrte ihre Abgelegenheit die Insel nicht vor dem Interesse größerer Mächte, sondern machten sie im Gegenteil zu einem verlockenden Ziel. Die Deutschen besetzten Utsira und stationierten dort 400 Soldaten, die das zentrale Tal in eine Garnison und einen Exerzierplatz verwandelten. Neben den von Wildblumen gesäumten Wegen füllte sich die Landschaft mit Militärzelten und qualmenden Ölfässern. Der kleinere der beiden Leuchttürme wurde zu einer Luftabwehrbatterie umfunktioniert (heute dient er als Mobilfunkmast), der andere wurde abgeschaltet und als Aussichtsposten zur Beobachtung dieser strategisch wichtigen Region der Nordsee genutzt. Ich stieg hinauf und sah die Absplitterung in der Fresnel-Linse, die im Jahr 1890 in Paris hergestellt worden war; verursacht hatte den Schaden ein ungelenker deutscher Soldat, der im dunklen Lampenhaus mit seiner Seitenwaffe an der Linse hängengeblieben war.

Die Kontrolle über Utsira war von langfristigem Nutzen, denn man konnte nie wissen, wann die Insel als Bezugspunkt auf der Karte, als Zufluchtshafen in einem Sturm oder als Posten zur Beobachtung von Himmel und See wertvoll werden konnte.

Im Kalten Krieg wurde der Leuchtturmwärter in den Dienst der NATO gestellt und hielt Ausschau nach sowjetischen U-Booten, Schiffen und Flugzeugen. Im Leuchtturm wurde immer noch ein Geigerzähler aufbewahrt, eine bedrückende Erinnerung an die furchtbare Bedrohung, die in jener Zeit allgegenwärtig war.

Bei Wetterwarten ist es oft so. In Friedenszeiten ist die Wetterbeobachtung einfach eine nützliche Arbeit, so wie die, Böden zu schrubben und Bäume zu schneiden. Aber im Krieg verwandeln sich die Beobachtungsergebnisse in Geheimnisse und die Wettervorhersagen in Waffen. Weil die Kenntnis des Wetters im Krieg von so großer Bedeutung ist, treibt das Militär den Ausbau der Beobachtungsnetze und die Entwicklung neuer Technologien voran.[60]

Im Zweiten Weltkrieg begann sich die Wetterbeobachtung von der Sammlung von Messwerten an ungleichmäßig verteilten Punkten in die Datensammlung in einem globalen System zu verwandeln, das aus Observatorien am Boden, in der Luft und nach dem Krieg auch im Weltraum bestand. Aber das passierte Schritt für Schritt, angetrieben durch technologische Entwicklungen und militärische Erfordernisse. Das Kampfgebiet im Nordatlantik erstreckte sich von Labrador und Grönland im Westen über Svalbard und das Franz-Josef-Land in der Barentssee bis zur Doppelinsel Nowaja Semlja, welche die Barentssee vom Karischen Meer nördlich von Sibirien trennt. Während des gesamten Kriegs waren die Deutschen auf dem Gebiet der Meteorologie deutlich im Nachteil: Die Alliierten hielten vorwiegend die nördlichen und westlichen Positionen, und die Stürme im Nordatlantik bewegen sich zumeist von West nach Ost und von Nord nach Süd. Vor dem Krieg hatten abgelegene Walfangstationen in Grönland und Island per Funk Wetterdaten übermittelt, die der Schifffahrt in der Region zugutekamen. Aber so wie der amerikanische Bürgerkrieg das frühe Beobachtungsnetz des Smithsonian in den Vereinigten Staaten zerriss, machte der Zweite Weltkrieg dem Austausch von Wetterdaten zwischen den Anrainerstaaten des Nordatlantiks ein Ende.

Der deutsche Reichswetterdienst wurde rasch aktiv, um die Informationslücken zu schließen, und schickte Beobachtungsschiffe in die Nordsee und ins Nordpolarmeer, damit Meteorologen Wetterballons aufsteigen lassen konnten.[61] Als die Alliierten begannen, diese unbewaffneten Schiffe zu versenken, griff der Reichswetterdienst zu neuen technologischen Lösungen. Die Siemens-Schuckertwerke – der Vorläufer des heutigen Siemens-Konzerns – entwickelten ein automatisches Wetterobservatorium, das den Decknamen »Kröte« erhielt.

Die Station war mit Nickel-Kadmium-Batterien zur Stromversorgung und einem leistungsfähigen Funksender zur Übermittlung der Daten ausgerüstet. Die frühen Versionen dieser Messgeräte waren so klein, dass sie mit dem Flugzeug an abgelegene Orte gebracht werden konnten, aber es war schwierig, sie zu verstecken und den Betrieb aufrechtzuerhalten.

Die erste »Kröte«, die im Jahr 1942 auf der norwegischen Insel Spitzbergen in Betrieb genommen wurde, wurde rasch aufgespürt und zerstört. Die zweite, die auf halbem Weg zwischen dem Nordkap und Spitzbergen auf der Bäreninsel stationiert wurde, wurde von Bären außer Betrieb genommen, die ihre Antennen zerstörten. Die Deutschen brauchten unbedingt Wetterstationen, denn im Nordatlantik patrouillierten mehr als zweihundert ihrer U-Boote, die die Blockade Großbritanniens aufrechterhalten sollten.

Im Herbst 1943 lieferte Siemens eine neue Version der »Kröte« aus, die mit ihrer zehn Meter langen Antenne leistungsfähig genug war, um verschlüsselte Daten von der Küste Nordamerikas bis nach Europa zu übertragen, gleichzeitig jedoch so klein war, dass sie in das Torpedorohr eines U-Boots passt.

Mit der Mission, die Messstation nach Nordamerika zu bringen, wurde ein U-Boot betraut. Die U-537 brach in der Nacht des 30. September 1943 im norwegischen Bergen auf; ihr Ziel war ein Ort unweit der heutigen Grenze zwischen Labrador und Quebec – der Kapitän hoffte, dieser Punkt liege weit genug im Süden, um eisfrei zu sein, und weit genug im Norden, um frei von Einheimischen zu sein.[62]

Auf einem Foto, das in den Siebzigerjahren in einem Militärarchiv entdeckt wurde, ist die Szene bei der Ankunft der U-537 an der Küste Nordamerikas zu sehen: Sieben Seeleute mit schwarzen Strickkappen stehen bei zwei Gummischlauchbooten, die an Deck des U-Boots bereitliegen. Diese Männer schafften im Schutz des Herbstnebels zehn graue Kanister, die jeweils etwa hundert Kilo wogen, an Land und schleppten sie auf einen Hügel. Als sie mit der Montage des Systems fertig waren, malten sie die Worte »Canadian Meteor Service« auf die Kanister und verstreuten amerikanische Zigarettenpackungen auf dem Boden.

Obwohl wir mittlerweile an Satellitenkommunikation, Solarpaneele und kleine Sensoren in allen möglichen Apparaten gewöhnt sind, wirkt dieser Einsatz noch heute verwegen: Die deutschen Soldaten errichteten tatsächlich auf dem amerikanischen Kontinent eine versteckte interkontinentale Wetterstation, ein »Wetter-Funkgerät Land«. Die automatische Wetterstation mit der Bezeichnung »WFL-26« sendete weniger als einen Monat, bevor ihre Funkübertragungen aufgrund einer geheimnisvollen Störung endeten.

Und dann verschwand sie für vierzig Jahre. Im Jahr 1952 suchte ein Team der amerikanischen Kriegsmarine in der Gegend nach einem geeigneten Standort für die großen Radare des Frühwarnsystems DEW (Distant Early Warning), das zur Abwehr sowjetischer Langstreckenbomber errichtet wurde, aber die WFL-26 blieb unentdeckt. Im Jahr 1977 stolperte ein kanadischer Geomorphologe über die deutsche Funkstation, aber der Mann ließ sich durch die Aufschriften täuschen und glaubte, es handle sich um eine automatische Station des kanadischen Wetterdienstes.

Erst nachdem einem ehemaligen Siemensmitarbeiter und Historiker namens Franz Selinger die ungewöhnliche Landschaft auf den Fotos auffiel, die gemeinsam mit dem Logbuch der U-537 aufgetaucht waren, begann die Suche nach der Station, die der Beweis für die einzige bekannte deutsche Landung auf nordamerikanischem Boden war. Gemeinsam mit einem kanadischen Militärhistoriker machte sich Seliger an Bord eines kanadischen Eisbrechers auf die Suche und fand die Station schließlich im Jahr 1981. Jemand hatte sie systematisch zerlegt, die Kabel durchtrennt und den Inhalt im felsigen Gelände verstreut. Die Wetterstation Kurt, wie sie nach ihrem offiziellen Betreuer Kurt Sommermeyer benannt wurde, ist heute im kanadischen Kriegsmuseum in Ottawa ausgestellt. Wie so viele Waffen ist sie grau und hässlich. (Die U-537 liegt übrigens auf dem Grund des Pazifiks. Sie wurde 1945 von dem amerikanischen U-Boot USS Flounder mit Torpedos versenkt.)

Es ist eine wilde Geschichte, ein aus meteorologischer Verzweiflung geborener Akt technologischen Wagemuts, der eines Hollywoodfilms würdig wäre. Aber diese Episode markiert einen Wendepunkt in der Geschichte der Wetterbeobachtung: Im ersten Jahrhundert der auf die Telegrafie gestützten Beobachtungsnetze konzentrierten sich die Meteorologen darauf, die Reichweite zu erhöhen, indem sie Leuchttürme, Schiffe und Flugfelder in den Dienst der Wetterbeobachtung stellten. Der Krieg schnitt ihre Wetterkarten mittendurch. Gleichzeitig brachte er jedoch technologische Fortschritte, die einen neuen, größeren Überblick über das Wetter ermöglichen sollten. In den hundert Jahren vor der automatischen Wetterstation Kurt versetzte der Telegraf die Menschheit in die Lage, Neuigkeiten über das Wetter schneller zu übermitteln, als das Wetter vorrücken konnte. Aber es musste jemand vor Ort sein, um es zu beobachten. (Natürlich ist oft auch heute noch jemand vor Ort, zum Beispiel auf Utsira.) Kurt gehörte zu den ersten Vertretern neuartiger Wetterstationen, die imstande waren, autonom zu arbeiten. Und bald sollte es nicht nur in abgelegenen Winkeln des Nordatlantiks, sondern auch hoch über der Erde Beobachtungsstationen geben.

Es war eine weitere deutsche Technologie, die neue Möglichkeiten zur Beobachtung des Wetters von oben eröffnete. In den letzten Kriegsmonaten gelang dem deutschen Raketeningenieur Wernher von Braun ein beängstigender und tödlicher technologischer Sprung, als die erste gelenkte Rakete, die als V2 (Vergeltungswaffe 2) bezeichnet wurde, erfolgreich getestet wurde. Die Rakete war furchtbar ungenau und wich weit von ihren eigentlichen Zielen ab, tötete jedoch 9000 Menschen in London, Antwerpen und Lüttich. Zu Kriegsende lieferten sich die Vereinigten Staaten und die Sowjetunion einen Wettlauf, um sich die Raketentechnik – und die Wissenschaftler, die sie entwickelt hatten – zu sichern. Von Braun landete in den Vereinigten Staaten.

Zu Beginn des Kalten Kriegs ging es in erster Linie darum, die V2 für den fortgesetzten militärischen Einsatz anzupassen – und tatsächlich diente sie als Modell sowohl für die sowjetischen als auch für die amerikanischen ballistischen Raketen, die schließlich so weit entwickelt wurden, dass sie atomare Gefechtsköpfe befördern und Astronauten in den Weltraum bringen konnten. Aber anfangs wurden sie zur Beobachtung des Wetters eingesetzt.

Im Oktober 1946 installierten Techniker auf dem Testgelände White Sands in Nevada eine Kamera in der Nase einer von den Deutschen gebauten V2 und schossen sie geradewegs in den Himmel. Innerhalb von dreißig Sekunden verschwand die Rakete aus dem Blickfeld, aber dann beschrieb sie einen Bogen und schaute zurück, und die 35-mm-Kamera schoss von einer maximalen Höhe von 135 Kilometern aus alle anderthalb Sekunden ein Foto, bevor die Rakete schließlich in der Wüste zu Boden ging.[63] Ein Flugzeug fand das Wrack, und der von einer zylindrischen Stahlkassette mit dem Durchmesser eines Esstellers geschützte Film wurde geborgen.

»Als der Film entwickelt wurde, begann ein wirklich dramatisches Spektakel«, erinnerte sich Clyde T. Holliday, der Mann, der die Kamera entworfen hatte. »Auf diesen Fotos sahen wir, was ein Passagier an Bord einer V2 sehen würde, wenn er den rasenden Flug hinauf in diese Höhe und wieder zurück überleben könnte, und wie unsere Erde für Besucher von einem anderen Planeten aussehen würde, die sich in einem Raumschiff näherten.« Diesen Anblick hatten sich die Menschen bis dahin nur in ihrer Fantasie ausmalen können.

Der praktische Nutzen war unverkennbar: Der erste Ausflug einer Kamera ins Randgebiet des Weltraums hatte Fotos von einem Viertel der Vereinigten Staaten geliefert – das war eine Fläche von gut 2,5 Millionen Quadratkilometern. Man konnte die Krümmung der Erde und Wolkenbänder sehen, die sich in Streifen über Hunderte Kilometer erstreckten.

Die Meteorologen begriffen sofort, dass sich hier ungeheure neue Möglichkeiten boten. Der Leiter des amerikanischen Wetterdienstes, Francis Reichelderfer, bat darum, dass die Kameradesigner in der Abteilung für angewandte Physik der Johns Hopkins University Abzüge der Bilder an alle Wetterwarten im Land schickten, »damit sich unsere Prognostiker ein Bild von dem machen können, was sich in der Zukunft in ein wertvolles Werkzeug zur Wettervorhersage verwandeln könnte«.[64]

Noch konnte sich niemand um die Erde kreisende Satelliten vorstellen, weshalb Holliday, der die Kamera entwickelt hatte, darüber nachzudenken begann, wie diese experimentelle Kamera, die an einer Rakete befestigt worden war, für ein *System* zur Wetterbeobachtung genutzt werden konnte. »Wenn jeden Tag mit Kameras bestückte gelenkte Raketen kreuz und quer über den gesamten nordamerikanischen Kontinent geschickt werden könnten, damit sie in wenigen Stunden sämtliche Wolkenbänder, Sturmfronten und Wolkendecken fotografieren, könnte die Genauigkeit der Wettervorhersagen erhöht werden«, schrieb er.[65] Aber das hielt niemand für möglich. Der Einsatz von Raketen konnte nur eine außergewöhnliche Maßnahme sein, bis die Raketen leistungsfähig genug waren, um eine Erdumlaufbahn zu erreichen.

Die Aussichten waren verlockend. Die Aufgabe herauszufinden, wie ein Raumfahrzeug zur Beobachtung des Wetters tatsächlich aussehen könnte, wurde der RAND Corporation übertragen (die Bezeichnung RAND ist eine Verschmelzung von »Research and Development«), die durch ihre Beteiligung an der Entwicklung verschiedenster komplexer technischer Systeme jener Zeit berühmt wurde – von der Planung für den Atomkrieg bis zu den Vorläufern des Internets.

»Kann man aus derart großer Höhe genug sehen, um eine intelligente, brauchbare Beurteilung des Wetters (der Wolken) vorzunehmen, und was kann aus den Beobachtungen abgeleitet werden?«, fragten im Jahr 1951 die Autoren eines streng geheimen Berichts mit dem Titel »Wetteraufklärung mit einem Satellitenvehikel«.[66] Ihre Sorge war, dass die Satelliten nur Fotos machen, aber keine der quantitativen Messungen vornehmen würden, auf die die Meteorologen angewiesen waren. Sie würden die Wettervorhersage zweifellos in eine bestimmte Richtung lenken – nämlich zurück zu empirischen Methoden –, jedoch keinen Beitrag zu den Bemühungen leisten, das Wetter zu berechnen. Jack Bjerknes, der Sohn von Vilhelm, der Meteorologie an der UCLA unterrichtete, hatte bereits im Jahr 1948 vor den Auswirkungen gewarnt: »Der bleibende Nachteil der synoptischen Analyse allein anhand von Raketenbildern besteht darin, dass sie kein quantitatives Bild des Druckfelds gewinnen.« Diese neue Datenkategorie würde rein visuell sein. »Der Analyst muss sich auf die sichtbaren Bestandteile der Meteorologie verlassen, um ein bis zu einem gewissen Grad brauchbares Bild von der synoptischen Wettersituation zu gewinnen.«[67]

Und die Satelliten würden etwas vollkommen anderes sehen als das Bild, das die Menschheit kannte. Der Mensch sah seit jeher zu den Wolken *hinauf*; nun würden die Meteorologen auf die Wolken *hinab*schauen. Und das bedeutete, »dass die wesentlichen Merkmale, die zur Identifizierung der Wolkentypen bei der Beobachtung vom Boden aus dienen, nicht mehr zu sehen sein werden«, erklärten die Autoren des RAND-Berichts.

Harry Wexler, ein junger Forscher beim Weather Bureau, dem amerikanischen Wetterdienst, war anders als viele seiner Kollegen sowohl vom qualitativen als auch vom quantitativen Potenzial des Satelliten fasziniert. Wexler hatte bereits bewiesen, dass er ein besonderes Talent dafür besaß, zum richtigen Zeitpunkt am richtigen Ort zu sein – sein Biograf James Rodger Fleming bezeichnet ihn als »meteorologischen Zelig*«. Er machte schon früh auf sich aufmerksam. Er hatte Mathematik in Harvard studiert und am Massachusetts Institute of Technology (MIT) bei Carl-Gustaf Rossby, einem ehemaligen Bjerknes-Mitarbeiter (er war einer der jungen Männer, die auf dem Foto des Vervarslinga på Vestlandet in Bergen verewigt sind), seine Doktorarbeit verfasst. Nach seinem Eintritt in das Weather Bureau verbrachte Wexler den Sommer 1940 auf dem neu eröffneten Flughafen LaGuardia in New York, wo er den Meteorologen die Methode der Bergener Schule nahebrachte, die sie für bessere Vorhersagen für die Clipper-Flüge über den Atlantik nutzen konnten.[68] Im Krieg leitete Wexler die Forschungs- und Entwicklungsabteilung des Wetterdienstes der amerikanischen Luftwaffe, womit er ein Gegenspieler der deutschen Ingenieure war, die die Wetterstation Kurt entwickelten. Auf dem Notsitz einer Douglas A-20 flog er als zweiter Mensch in einen Hurrikan, und er war beim Trinity-Atombombentest anwesend, wo er die Barometer installierte, mit denen die Druckwelle der Explosion gemessen wurde.[69] Er hatte ein gutes Auge für die gegenwärtigen Beschränkungen und die zukünftigen Möglichkeiten der Meteorologie.

Wrexler hatte eine klare Vorstellung davon, in welche Richtung sich die Wetterbeobachtung entwickeln sollte. Vor den technologischen Neuerungen, die der Zweite Weltkrieg gebracht hatte, war die Meteorologie auf zwei »Sehhilfen« beschränkt gewesen,

---

* Nach der Woody-Allen-Filmfigur Zelig aus dem gleichnamigen Film (Anm. d. Ü.)

wie er sie nannte: Der »mikroskopische« Blick erfasste das, was
mit bloßem Auge zu sehen war, und reichte bei klarem Wetter
vielleicht 30 Kilometer weit, während der »makroskopische« Blick
eine großflächige Betrachtung mithilfe des Netzes von Messstationen ermöglichte.

Seit der Erfindung des Telegrafen stand der makroskopische
Blick im Vordergrund. Im Jahr 1947 beschrieb Wexler die Wettervorhersage, wie sie seit einem Jahrhundert betrieben wurde:
»Indem das Wetter an zahlreichen, über einen möglichst großen Teil der Erdoberfläche verteilten Punkten beobachtet und die
Daten unverzüglich an eine zentrale Stelle weitergeleitet werden,
wo eine Karte erstellt wird, die das über einer bestimmten Region
herrschende Wetter zeigt, kann geschätzt werden, wie sich die
bestehenden Bedingungen bewegen und verändern werden, das
heißt, welches Wetter in verschiedenen Gebieten in der unmittel-
baren Zukunft eintreten wird.«[70] Zusammengefasst: Beobachtung,
Sammlung, Darstellung auf der Karte.

Aber für Wrexler war klar, dass die Meteorologie ein einge-
schränktes Gesichtsfeld hatte. Es hatte nie genug Wetterstationen
gegeben, und es würde nie genug geben. Die makroskopische
Betrachtung stütze sich darauf, »dass die Beobachtungen an einer
Station ›repräsentativ‹ sind«, erklärte er. Und dies waren immer
nur die Messwerte an einem Ort auf der Erde, ein Punkt auf der
Karte. Und während es dem makroskopischen Bild an Auflösung
mangelte, war das mikroskopische räumlich zu beschränkt.

Das mikroskopische Bild zeigte die »feineren Details des Wetters«, zum Beispiel auf einem Foto von einer Gewitterwolke, aber
der Meteorologe erkannte darin »nur einige wenige Fäden des
großen Gewebes der Atmosphäre«. Nur die makroskopische Darstellung konnte »die übergeordneten Merkmale der Vorgänge in

der Atmosphäre« veranschaulichen. Wexler gelangte zu dem Schluss, dass die beiden Darstellungen kombiniert werden mussten: Man brauchte ein größeres Bild in höherer Auflösung.

Im Jahr 1954 lieferte die Kamera an Bord einer in White Sands gestarteten Aerobee-Rakete ein überraschendes Bild: ein scharfes Foto von einem Tropensturm, der über dem Golf von Mexiko wirbelte. Die Zeitschrift *Life* behandelte den Schnappschuss wie ein Foto vom Baby eines prominenten Paars und druckte ihn auf einer Doppelseite ab.[71] Wexler, der mittlerweile die meteorologische Forschungsabteilung des Weather Bureau leitete, war begeistert vom Potenzial der neuen Technologie. »Nach Auswertung der spärlichen meteorologischen Daten, die entlang der mexikanischen Grenze zur Verfügung standen, wäre niemand auf die Idee gekommen, dass sich über dem Meer ein kleiner, intensiver Wirbel gebildet hatte, der möglicherweise die Intensität eines Hurrikans annehmen würde.«[72]

Das Bild gab Wexler den Anstoß zu weiterführenden Überlegungen. Im selben Jahr enthüllte er bei einem Vortrag im Hayden Planetarium in New York ein von ihm in Auftrag gegebenes Gemälde. Der Künstler hatte ein Bild von dem gemalt, was eine Kamera möglicherweise aus dem Weltraum aufnehmen würde, ein Bild voll von spektakulären (wenn auch imaginären) Wetterphänomenen: eine Reihe von Stürmen über dem Osten der Vereinigten Staaten, Nebel vor der Küste Kaliforniens, ein Zyklon über Alaska.[73]

Der deutsche Astronom Johannes Kepler hatte im Jahr 1611 erstmals das Wort »Satellit« verwendet, um die Jupitermonde zu beschreiben. Es dauerte bis zum Jahr 1954, dass der Begriff erstmals auf ein vom Menschen geschaffenes Objekt angewandt wurde, das die Erde umkreiste. Mittlerweile hatte die Raumfahrt einen festen Platz in der Fantasie der Menschheit – drei Jahre später wurden die neuen Möglichkeiten mit dem Start des Sputniks erschreckend real –, und Wexler betonte sowohl die fantastischen Aspekte des Satelliten als auch die gewaltigen Fortschritte, die er in der Wetterbeobachtung ermöglichen würde.

»Da der Satellit das erste vom Menschen erdachte Vehikel sein wird, das sich dem Einfluss des Wetters vollkommen entzieht, mag es auf den ersten Blick eher verblüffend wirken, dass ebendieses Vehikel eine Revolution in der Meteorologie einleiten wird.«[74] Unter den beeindruckten Zuhörern war auch der Science-Fiction-Autor Arthur C. Clarke, der Wexler ermutigte, den Vortrag im *Journal of the British Interplanetary Society* zu veröffentlichen.[75] Die Science-Fiction war auf dem besten Weg, sich in harte Wissenschaft zu verwandeln.

Der Satellit versprach einen atemberaubenden neuen Blick auf die Erde. Wexler malte sich in allen Einzelheiten aus, wie der im Weltall schwebende Planet aus der Ferne betrachtet aussehen würde, und nahm die Fotos von der »blauen Murmel« vorweg, die ein Satellit fünfzehn Jahre später tatsächlich zur Erde schicken würde. Er stellte sich die »Tausende Meilen langen Gürtel der Passatwinde« und die »winzigen, nie gesehenen Wirbel und Strudel« vor, »welche die Bewegung der Atmosphäre mit jener der Erde verbinden«.[76] Wexler erkannte, dass der Satellit sehr viel mehr versprach als einen neue Betrachtungsweise für die Wetterprognostiker: Er versprach uns allen ein neues Bild von der Welt.

»In der Atmosphäre gibt es vieles, was die Meteorologen nicht wissen«, schrieb er, »aber einer Sache sind sie sich sicher: Die Atmosphäre ist unteilbar. Dieser globale Aspekt der Meteorologie eignet sich wunderbar für die Beobachtung von einer wirklich globalen Plattform aus – dem Erdsatelliten.«[77] Leider erlebte

Wexler die von ihm angekündigte Verwirklichung des meteorologischen Globalismus nicht mehr: Er starb im Jahr 1962 im Alter von 51 Jahren an einem Herzinfarkt.[78]

Ende der Fünfzigerjahre begann die neu gegründete US-Weltraumbehörde NASA, in immer kürzeren Abständen Raumfahrzeuge ins All zu schicken, und der Blick auf die Erde, den sich Harry Wexler ausgemalt hatte, wurde zur Realität. Der Satellit Vanguard II hatte einen Durchmesser von 30 Zentimetern und wog 10 Kilo. Er brachte im Februar 1959 ein experimentelles Bildgebungsgerät ins All, das mit Infrarotfotozellen die Albedo (das Rückstrahlvermögen) der Erdoberfläche messen sollte. Nun gab es also einen funktionierenden »Roboter«, der durch den Weltraum flog und die Erde beobachtete. Aber die Vibrationen der Raumsonde machten die Daten wertlos.

Sechs Monate später übermittelte Explorer VI das erste aus dem All aufgenommene Bild der Erde, aber der Planet war unkenntlich. Doch das Jahr war noch nicht vorüber, als Explorer VII die ersten scharfen Bilder schickte. Im Frühjahr 1960 startete in Cape Canaveral eine Rakete vom Typ Thor-Able (ein Abkömmling der V2), die den ersten experimentellen Wettersatelliten namens TIROS 1 ins All brachte. Der Zylinder von der Größe eines Frühstückstischs und dem Gewicht eines großen Mannes hatte 18 Seitenflächen, die mit Solarpaneelen bestückt waren. Aus dem Gehäuse ragte ein mit einem Gewicht beschwertes Kabel hervor, das verhindern sollte, dass sich der Satellit zu wild drehte. Er rauschte in einer festen Ausrichtung durch den Weltraum, weshalb seine beiden Kameras nur während eines Teils eines Umlaufs auf die Erde zeigten. Die Kameras von der Größe eines Wasserglases scannten ein Foto mit fünfhundert Bildzeilen in

zwei Sekunden und übermittelten es an eine erreichbare Bodenstation; konnte gerade kein Kontakt hergestellt werden, so spei-
cherten sie das Bild auf einem Magnetband.[79]

Als die NASA die ersten von TIROS 1 übermittelten Bilder
veröffentlichte, war klar, dass eine neue Ära begonnen hatte. Vor
dem Start dieses Satelliten war jede neue Rakete nur ein Anfang
gewesen, ein Zwischenschritt, aber TIROS war etwas anderes:
Dies war endlich ein Satellit, der zurückblickte und »unseren
Möglichkeiten auf der von uns bewohnten Erde eine neue
Dimension« hinzufügte, wie es in einem Leitartikel in der *New
York Times* hieß. Und in den Augen der Wetterexperten musste
die erfolgreiche Mission etwa so vielversprechend sein »wie
die Entwicklung des Teleskops für die Astronomen des 17. Jahrhunderts«.

Die Technologie bewies rasch ihren Nutzen: Im Jahr 1961 entdeckte ein weiterer TIROS-Satellit den Hurrikan Carla und ermöglichte die rechtzeitige Evakuierung von 350 000 Menschen entlang
des Golfs von Mexiko.

Der Satellit, der die Erde umkreiste und die Erde beobachtete,
geriet jedoch augenblicklich in das Spannungsfeld zwischen der
optimistischen Ideologie des Globalismus und der furchtbaren
Bedrohung durch die Atombombe. Offenkundig gab es eine Vielzahl von Anwendungsmöglichkeiten für die neue Satelliten-Tech-
nologie, darunter die Spionage und der Transport eines atomaren
Gefechtskopfs über die Pole.

Am Tag des Starts von TIROS 1 gab Präsident Eisenhower eine
täuschend einfache Erklärung ab: »Die Erde sieht nicht mehr so
groß aus, wenn man diese Krümmung gesehen hat.«[80] Wollte er
damit die Einheit der Menschheit betonen – die Welt ist klein –,
oder wollte er sagen, dass die Erde leicht zu erobern war?

Was diese Aussage implizierte und alle Welt zu überraschen schien, war die Tatsache, dass dieses neue Bild von der gesamten Erde offenbar der ganzen Welt *gehörte*. Aber gleichzeitig war der gegenteilige Impuls erkennbar, denn der Kalte Krieg spaltete den Planeten, seine Zerstörung drohte. Es war unmöglich, diese neuen Wettersatelliten aus der Geopolitik des Kalten Kriegs und dem Wettlauf der beiden Supermächte herauszuhalten. Auf der grundlegenden Ebene gab es kaum klare Unterschiede zwischen Wettersatelliten und Spionagesatelliten oder zwischen Frachtraketen und ballistischen Interkontinentalraketen. Es war ein wechselseitiger Prozess: Der militärische Nutzen rechtfertigte die meteorologischen Bemühungen, und die militärischen Bemühungen kamen dem meteorologischen Einsatz zugute.

Während Wexler und seine Kollegen beim amerikanischen Wetterdienst gemeinsam mit der NASA an TIROS 1 arbeiteten, trieb die CIA das streng geheime Corona-Programm voran. Eine an einem Satelliten befestigte Kamera warf Filmrollen aus, die von einem Flugzeug aus der Luft gefangen wurden. Als Francis Gary Powers im Jahr 1960 mit seinem U2-Spionageflugzeug über der Sowjetunion abgeschossen wurde, bestand die amerikanische Regierung darauf, seine Mission habe der »Wetterforschung« gedient, eine Behauptung, die belegt werden sollte, indem eine weitere U2 losgeschickt wurde, auf deren Rumpf eilig das NASA-Logo gemalt worden war.

Sogar der ursprüngliche Bericht der RAND Corporation über die Einsatzmöglichkeiten von Wettersatelliten wurde von einer allgemeineren Analyse der Möglichkeit begleitet, Satelliten zur Beobachtung der Erde, das heißt für Aufklärungsmissionen einzusetzen. Das Wetter einte die Welt, aber die Technologie der Wetterbeobachtung hatte das Potenzial, sie zu spalten. Obwohl klar ist, dass die zivilen und militärischen Einsatzmöglichkeiten neuer Technologien stets Hand in Hand gehen, ist dies eine ernüchternde Erkenntnis: Wir haben gelernt, die ganze Erde dank einer Technologie zu sehen, deren Entwicklung die ganze Erde zerstören konnte.

Die politische Auseinandersetzung beschleunigte den Fortschritt der Meteorologie, und zwar nicht bloß als Trick der CIA. Als John F. Kennedy im Jahr 1961 im Weißen Haus einzog, sah er im Wetter einen möglichen Bereich für eine Zusammenarbeit mit der Sowjetunion, und zwar sowohl aus praktischen als auch aus symbolischen Gründen.

Michael O'Brien schildert in seiner Biografie Kennedys, wie sich der Präsident an einem regnerischen Nachmittag nicht lange nach seiner Amtseinführung von seinem wissenschaftlichen Berater Jerome Wiesner die technischen Details von Atomtests erklären ließ, weil er ihre Auswirkungen auf die Umwelt verstehen wollte und dem Testwettlauf mit den Sowjets ein Ende machen wollte.[81] Wie, fragte Kennedy, kehrte der radioaktive Fallout in der Atmosphäre auf die Erde zurück?

»Mit dem Regen«, antwortete Wiesner.

Kennedy sah aus dem Fenster des Oval Office. »Wollen Sie damit sagen, dass dieser Regen dort draußen radioaktiv kontaminiert sein könnte?«

Diese grundlegende Erkenntnis – wir leben alle unter demselben Himmel – tauchte bald in Kennedys öffentlichen Stellungnahmen auf und schlug sich in seiner Politik nieder. Die globale Meteorologie übte einen natürlichen Reiz auf ihn aus. Sie war der Bereich, in dem »die Supermächte zusammenarbeiten und beide profitieren konnten, während sie einander auf anderen Ebenen politisch bekämpften«, erklärte mir John Zillman, ein ehemaliger Leiter des australischen Wetterdienstes. Sie kam Kennedys wissenschaftlichen Ambitionen entgegen und verband die zivile Raumfahrt mit der militärischen Raketentechnik. Und sie passte sowohl zum neuen Globalismus der beginnenden Ära des Flugverkehrs als auch zu den technologischen und geopolitischen Bestrebungen der Supermächte.

Im April jenes Jahres gelang es der Sowjetunion, den Kosmonauten Juri Gagarin in den Weltraum zu schicken.[82] Sechs Wochen später antwortete Kennedy. »Ich glaube, dass sich diese Nation verpflichten sollte, vor dem Ende dieses Jahrzehnts das Ziel zu erreichen, einen Mann auf den Mond und sicher wieder zur Erde zurückzubringen«, erklärte er in einer Ansprache vor dem Kongress. Aber die Entsendung eines Mannes zum Mond war nur eines von mehreren Vorhaben, die er in seiner Rede über die »dringenden Erfordernisse der Nation« beschrieb. Das zweite war die Entwicklung einer von der Atomkraft angetriebenen Rakete, die dazu dienen sollte, das Weltall »vielleicht über den Mond hinaus« zu erkunden. Der dritte Punkt auf seiner Liste war eine Investition von 50 Millionen Dollar in Kommunikationssatelliten. Und ein viertes, mittlerweile vergessenes Vorhaben bestand darin, 75 Millionen Dollar in die möglichst zügige Errichtung »eines Satellitensystems für die weltweite Wetterbeobachtung« zu investieren.

Das Wort »weltweit« war von zentraler Bedeutung. Es war teilweise Ausdruck des Strebens der Vereinigten Staaten nach einer weltweiten Vormachtstellung, aber es war auch ein Hinweis darauf, dass sich der Traum der Meteorologen von einem »perfekten System für methodische und simultane Beobachtungen«, wie es John Ruskin ausgedrückt hatte, schon bald in ein konkretes Vorhaben der amerikanischen Regierung verwandeln würde.

Wiesner beauftragte den norwegischen Meteorologen Sverre Petterssen – den ehemaligen Assistenten von Vilhelm Bjerknes – mit einem Bericht über das Potenzial der »atmosphärischen Wissenschaft« im kommenden Jahrzehnt. Petterssen empfahl unter anderem die Einrichtung eines nationalen Zentrums für atmosphärische Forschung, das in Boulder (Colorado) entstehen sollte. Aber er stellte auch klar, dass zusätzlich zur Kooperation der wichtigsten Universitäten auf nationaler Ebene eine Zusammenarbeit mit den Wetterdiensten anderer Länder erforderlich sein würde.[83]

In einer Rede vor der Generalversammlung der Vereinten Nationen im September 1961 nutzte Kennedy erneut die Bemühung um eine globale Beobachtung des Wetters, um die durch das Wettrüsten auf dem Gebiet der Atomraketen heraufbeschworenen Spannungen zu verringern und die Aufmerksamkeit der Welt auf produktivere wissenschaftliche Vorhaben zu lenken. »Heute muss sich jeder Bewohner dieses Planeten bewusst sein, dass ein Tag kommen könnte, an dem dieser Planet unbewohnbar sein wird«, erklärte er. »Jeder Mann, jede Frau und jedes Kind lebt unter einem atomaren Damoklesschwert, das an einem seidenen Faden hängt, der in jedem Augenblick durch einen unglücklichen Zufall, durch einen Irrtum oder durch Wahnsinn durchtrennt werden kann. Die Kriegswaffen müssen beseitigt werden, bevor sie uns beseitigen.«

Zu den Maßnahmen, die Kennedy vorschlug, um der Gefahr der kollektiven Auslöschung zu begegnen, zählten ein Vertrag über ein Verbot von Atomtests und der Aufbau einer dauerhaften Friedenstruppe der Vereinten Nationen – beides Ideen mit nachhaltiger Wirkung. Und wieder einmal betraf der letzte Punkt die Wettervorhersage. In einem Satz, der hätte gestrichen werden können, ohne dass es jemandem aufgefallen wäre, fügte Kennedy hinzu: »Wir schlagen weitere kooperative Anstrengungen aller Länder in der Wettervorhersage und schließlich in der Beherrschung des Wetters vor.«

Diese Aussage, die nur eine Fußnote in der politischen Geschichte ist, markierte einen Wendepunkt in der Geschichte der Meteorologie. In den Jahren nach dem Zweiten Weltkrieg war die Internationale Meteorologieorganisation in der Weltorganisation für Meteorologie (WMO) aufgegangen, die sich, wie die Weltgesundheitsorganisation und die Internationale Fernmeldeunion, in eine Behörde der Vereinten Nationen verwandelte. So wie die Vereinten Nationen insgesamt profitierte die WMO von dem amerikanischen Impuls.

Im Jahr 1962 verfasste Harry Wexler gemeinsam mit seinem sowjetischen Kollegen Wiktor Bugajew einen Bericht, in dem eine »Weltwetterbeobachtung« vorgeschlagen wurde. Diese sollte nicht nur einen »koordinierten Beobachtungsplan«, sondern auch die automatische und systematische Übermittlung der Daten, ihre Verarbeitung zu »Analysen und Prognosen« sowie ihre Weiterleitung an alle Einrichtungen beinhalten, »die sie benötigen«. Das System sollte aus drei Teilsystemen bestehen: einem globalen Beobachtungssystem, einem globalen Datenverarbeitungssystem und einem globalen Fernmeldesystem.

Die WMO veranstaltete alle vier Jahre einen Kongress in Genf, und bei der nächsten Veranstaltung, die anderthalb Jahre nach Veröffentlichung des Berichts im April 1963 stattfand, setzte sich die Idee durch. »Das Konzept der World Weather Watch (WWW) wurde allgemein als erfreuliche Entwicklung begrüßt«, hieß es im Kongressbericht, eine Formulierung, die man wohl als diplomatischen Ausdruck von Begeisterung interpretieren kann.

Meteorologen in aller Welt machten sich daran, Pläne zu schmieden und die Details auszuarbeiten.

Im Lauf des folgenden Jahrzehnts wurden Dutzende Planungsberichte für die World Weather Watch veröffentlicht, darunter allein 25 im Jahr 1967. Ihre Titel verdeutlichen den Umfang der Bemühung zur Errichtung eines weltumspannenden Beobachtungssystems. Das Vorhaben wurde in einem ähnlichen Geist vorangetrieben wie die Bemühungen ein Jahrhundert früher in Wien bei der ersten Versammlung der Internationalen Meteorologieorganisation, aber die zahlreichen technologischen Werkzeuge, die den Wetterforschern mittlerweile zur Verfügung standen, erhöhten die Komplexität der Aufgabe. Beginnend mit dem ersten Bericht – »Beobachtung der freien Atmosphäre in den Tropen« – wurden sämtliche Aspekte von Beobachtung sowie Datenübermittlung und -verarbeitung behandelt. Da waren zum Beispiel Bericht Nr. 7 – »Wetterbeobachtung von mobilen und ortsgebundenen Schiffen aus« – sowie Bericht Nr. 16 über die »Planung des globalen Fernmeldesystems«.

Beim Überfliegen dieser Berichte fällt auf, wie gezielt das System entworfen wurde. Die Wissenschaftler auf beiden Seiten des Eisernen Vorhangs und in allen Winkeln der Welt beschränkten sich nicht drauf, bestehende nationale Systeme miteinander zu verknüpfen, sondern setzten einen integrierten und koordinierten Apparat zusammen. Es würde »eine wirklich globale Infrastruktur werden, die wirklich globale Information« liefern sollte, wie es Paul Edwards beschreibt.[84]

Im Mittelpunkt stand der offene und gleichberechtigte Zugang zu den Wetterdaten für den praktischen und experimentellen Einsatz. Zumindest in der Theorie genügte ein Fernschreiber, damit ein Land, so klein es auch sein mochte, an dem System teilnehmen konnte. Und unter Verwendung einer als APT (automatic picture transmission) bezeichneten Technologie konnte jeder, der über ein kleines, relativ billiges Empfangsgerät verfügte, obendrein auf die neuesten Satellitenbilder zugreifen. Im Jahr 1975 verfügten bereits hundert Wetterdienste in aller Welt über die erforderlichen Kapazitäten.[85] Und mit einem Auge im Weltraum besaßen die Meteorologen jetzt die von Harry Wexler beschriebene Fähigkeit, vor Stürmen zu warnen.

Die Charta enthielt nur eine einzige Einschränkung: Das World-Weather-Watch-Programm dürfe nur für friedliche Zwecke genutzt werden. Die Vereinten Nationen selbst mochten den wachsenden Spannungen in einer zwischen Ost und West gespaltenen Welt nicht gewachsen sein, aber die Wetterdiplomaten beharrten auf der Grenzenlosigkeit der Erdatmosphäre.

In Anbetracht der Technologie, auf die sie sich stützten, war dies ein gewagter Anspruch. Die Wettersatelliten waren derart teuer, dass ihr Einsatz nur damit gerechtfertigt werden konnte, dass sie benötigt wurden, um die nationale Sicherheit zu gewährleisten. Diese Einschränkung war in erster Linie technologischer Natur: Die erforderlichen Innovationen überschnitten sich mit denen für Interkontinentalraketen und Spionagesatelliten. Aber sie hatte auch eine politische Komponente: Die Satelliten waren nicht zuletzt deshalb verlockend, weil sie eine anmaßende Missachtung der nationalen Souveränität ermöglichten: Sie überflogen die ganze Erde und nahmen keinerlei Rücksicht auf die Grenzen am Boden, womit sie das historische Verständnis vom nationalen Hoheitsgebiet auf den Kopf stellten.[86]

Die Satelliten waren eine globale Technologie, die einen globalen Blick ermöglichte, aber sie gehörten einzelnen Ländern, die nationale Ziele verfolgten. Um möglichst großen Nutzen aus dieser Technologie ziehen zu können, bedurfte es der Zusammenarbeit zwischen den Ländern. Um einen Satelliten richtig einstellen zu können, brauchte man entsprechende Oberflächenbeobachtungen, die sich über ein sehr viel größeres geografisches Gebiet erstrecken mussten als je zuvor und einheitlicher verteilt sein mussten. »Es bedarf erhöhter Anstrengungen zur Sammlung zusätzlicher herkömmlicher Daten, um die Daten von Wettersatelliten bestmöglich nutzen zu können«, stellten die WMO-Autoren trocken fest.

In einer vorteilhaften Rückkoppelung begünstigte die Entwicklung von Wettersatelliten paradoxerweise die Ausweitung und Koordinierung der Beobachtungsnetze am Boden. Der technologische Fortschritt, der im Krieg mit den Versuchen begonnen hatte, Wetterdaten mit neuen Methoden zu sammeln, führte zurück zu den alten Wetterstationen, auf deren Daten die neuen Werkzeuge angewiesen waren. Es war genau die Dynamik, die die Meteorologen gebraucht hatten, um die bestehenden Netze von Bodenstationen technisch aufzurüsten, zu rationalisieren und zu organisieren. In den Siebzigerjahren war das integrierte globale Beobachtungssystem dem »perfekten System methodischer und simultaner Beobachtungen«, von dem die Meteorologen seit Langem träumten, so nahe gekommen wie noch nie.

# 5

# Umläufe

Es gibt zwei Arten von Wettersatelliten: jene, die in einer geostationären Umlaufbahn um die Erde kreisen, und jene, die das in einer polaren Umlaufbahn tun. Die geostationären Satelliten oder GEO-Satelliten (von *geostationary earth orbit*) bewegen sich über dem Äquator in derselben Richtung und Geschwindigkeit wie die Erdrotation, weshalb es den Anschein hat, als stünden sie im Weltraum reglos über der Erde. Sie liefern laufend aktualisierte Information über einen einzelnen Bereich der Atmosphäre. Die über die Pole fliegenden Satelliten werden auch als LEO-Satelliten (von *low earth orbit*) bezeichnet, weil sie sich sehr schnell in einer erdnahen Umlaufbahn bewegen. Sie umkreisen den Planeten von Norden nach Süden und auf der anderen Seite von Süden nach Norden, wobei sie in jeder Umlaufbahn ein anderes Gebiet überfliegen und sich in einem Muster um die Erde bewegen, das an die Anordnung von Orangenstücken in der Frucht erinnert. Die Satelliten in polaren Umlaufbahnen messen die Atmosphäre genauer, erfassen die gesamte Erde jedoch weniger oft. Heute liefern LEO-Satelliten die meisten quantitativen Daten für die Wettermodelle. Insbesondere wenn für Vorhersagen für mehrere Tage sinnvolle Informationen gebraucht werden, sind sie unverzichtbar.

Aber Daten sind schwer zu sehen, weshalb die geostationären Satelliten im Rampenlicht stehen, die uns spektakuläre Aufnahmen liefern.

Die frühen Wettersatelliten wie TIROS 1 waren allesamt LEO-Satelliten. Um ihre Datenmeldungen zu koordinieren, mussten ihre Umläufe genau getimt werden, sodass alle Apparate zu unterschiedlichen Zeiten über verschiedene Abschnitte des Planeten flogen. Mit dem Start des ersten geostationären Satelliten im Jahr 1966 änderte sich die Formel für die globale Wetterbeobachtung. Anstatt wie ein Satellit in einer erdnahen Umlaufbahn im Lauf eines Tages die ganze Erde zu betrachten, konnte ein geostationärer Satellit einen Ausschnitt der Erde unentwegt beobachten und nützliche Daten in einem Bereich von bis zu acht Längengraden sammeln. Eine für die Koordinierung der geostationären Wettersatelliten zuständige WMO-Gruppe ordnete die frühen GEO-Satelliten zu einer Konstellation einander überlappender Augen an.[87]

In den Siebzigerjahren betrieb die europäische Weltraumforschungsorganisation ESRO (European Space Research Organization) einen Satelliten, der auf dem Nullmeridian über dem Äquator flog. Ein Satellit der japanischen Raumfahrtbehörde kreiste über 140 Grad östlicher Länge, und die Vereinigten Staaten betrieben zwei Satelliten, von denen einer über dem Westatlantik und der andere über dem östlichen Pazifik kreiste.

Mittlerweile ist die Konstellation der Wettersatelliten natürlich sehr viel dichter. Die Weltorganisation für Meteorologie unterhält eine problemlos online zugängliche Datenbank, die fast zwei Dutzend geostationäre und fast hundert LEO-Satelliten umfasst. Aber wie so oft bei komplexen und teuren Infrastrukturen verdeckt der Blick auf die vollständige Liste, wer die wichtigsten Beiträge leistet. Beispielsweise kreisen am Himmel über dem

Indischen Ozean neun aktive geostationäre Satelliten; dazu zählen jedoch auch Kalpana 1, der erste reine Wettersatellit Indiens, der 2002 in seine Umlaufbahn geschossen wurde und kaum arbeitet, sowie Fengyun 2H, der erst vor Kurzem von der chinesischen Wetterbehörde gestartet wurde und noch nicht für den regulären Betrieb eingerichtet ist.

Die Vereinigten Staaten ihrerseits konzentrieren sich immer noch auf den Betrieb jeweils eines geostationären Satelliten über ihren beiden Küsten, nämlich GOES-East und GOES-West, wobei das Akronym für »Geostationary Operational Environmental Satellite« steht. Ähnlich wie in einem Upgrade-Plan für ein Smartphone nimmt alle fünf oder zehn Jahre eine neuere Version den Platz dieser Satelliten ein. Der alte GOES wird dann für eine eher esoterische Aufgabe wie die Kommunikation mit der Antarktis umprogrammiert oder in einen »Friedhofsorbit« bewegt. Gelegentlich fällt ein GOES vorzeitig aus, aber mit ein wenig Glück und Planung gelingt es, einen in einer anderen Umlaufbahn bereitstehenden Reserve-Satelliten mit ein paar Feuerstößen seiner Raketen in den richtigen Orbit zu bringen, damit er den Platz seines Vorgängers einnehmen kann.

In diesem Jahrzehnt wird das GOES-Programm von Lockheed Martin für 11 Milliarden Dollar modernisiert. Die neue Version des Satelliten – die dritte in der vierzigjährigen Geschichte des Programms – wird als GOES-R bezeichnet. Während ein Satellit entwickelt, gebaut, in den Weltraum geschossen und für den Betrieb eingerichtet wird, wird er anhand eines angehängten Buchstabens identifiziert: GOES-R, GOES-S und so weiter. Wenn er seine Betriebsposition einnimmt, erhält er eine Nummer: GOES-17, GOES-18 und so weiter. Das ist wichtig, denn jeder neue GOES hat einen Fanklub.

Die Meteorologen und Wetterfans behandeln die Satelliten wie Sportstars: Sie sehen sich an, welche Daten ihr Lieblingssatellit zu jedem Wetterphänomen geliefert hat, analysieren seine Erfolge und Fehlschläge und tauschen seine spektakulärsten Bilder aus.

Aber wie bei allen Stars gibt es auch bei den Satelliten Debatten über den Marktwert: Mit den 11 Milliarden Dollar, die für das gegenwärtige Programm aufgewendet werden, wird das Leben von vier Satelliten bezahlt, von denen zwei bereits in den Jahren 2016 und 2018 in den Weltraum geschickt wurden. Der Betrag ist schockierend hoch, vor allem, wenn man ihn neben das Jahresbudget des amerikanischen Wetterdienstes stellt, das bei rund einer Milliarde Dollar liegt. Der Einsatz dieses Satellitentyps kostet also mehr als das gesamte amerikanische Wettervorhersagesystem, für das er Daten liefert. Diese Ausgaben belegen die Bedeutung der Satelliten für die moderne Wettervorhersage, geben gleichzeitig jedoch auch Hinweise auf die bürokratische Komplexität des amerikanischen Systems.

Wer wirklich verstehen will, wie die amerikanischen Wettersatelliten funktionieren, ist gut beraten, zuerst ein Organigramm anzufertigen und eine Liste von Akronymen zu studieren (die teilweise eigene Akronyme haben). Die wichtigsten Wettersatelliten werden von der Behörde NESDIS (National Environmental Satellite, Data and Information Service) betrieben, die Teil der NOAA (National Oceanic and Atmospheric Administration) ist, die ihrerseits zum Handelsministerium gehört. NESDIS ist eine Parallelorganisation des Wetterdienstes NWS (National Weather Service) – und wird nicht immer NESDIS genannt: Manchmal ist sie NOAA Satellite and Information Service.

Wenn Ihnen das verwirrend scheint, wappnen Sie sich, denn es kommt noch schlimmer: Die für den Alltagsbetrieb verantwortliche Abteilung von NESDIS ist das OSPO (Office of Satellite and Product Operations), das durch die Verschmelzung des OSDPD (Office of Satellite Data Processing and Distribution) mit dem OSO (Office of Satellite Operations) entstand.

Dieses verwinkelte Organisationsschema wirkt sich offenbar aus: Die amerikanischen Satellitenprogramme leiden unter Verspätungen, Fehlschlägen und Budgetkürzungen durch den Kongress, was zu häufigen Klagen über eine »Satellitenlücke« führt, die sich immer dann auftut, wenn alte Satelliten ausfallen, bevor neue ihren Platz einnehmen können.

Den schlimmsten Rückschlag erlitt das amerikanische Satellitenprogramm im Jahr 2003, als ein noch nicht fertiggestellter NOAA-Satellit in der Werkshalle umkippte und auf dem Boden aufschlug, was Reparaturarbeiten erforderlich machte, die 135 Millionen Dollar kosteten. Im Jahr 2018 geriet der neueste GOES-Satellit (GOES-17) in Schwierigkeiten, weil es nicht gelang, eines seiner wichtigsten Instrumente in der Sonne zu kühlen, weshalb es zu bestimmten Tages- und Jahreszeiten nicht einsatzfähig war. Der Start des folgenden GOES musste verschoben werden, um den Defekt seines Vorgängers zu vermeiden.

Es ist nicht ungewöhnlich, dass komplexe Systeme komplexe Probleme verursachen, aber es muss nicht so sein. Die Vereinigten Staaten sind nicht das einzige Land, das Wettersatelliten betreibt. Satelliten sind globale Observatorien. Nicht alle schauen auf den gesamten Planeten hinab, aber alle dienen sie der Produktion globaler Wettermodelle, die zur Verbesserung der globalen Wettervorhersagen beitragen.

EUMETSAT, die Organisation, die für die europäischen Wettersatelliten verantwortlich ist (das Akronym steht für European Organisation for the Exploitation of Meteorological Satellites), ist sowohl eine Ergänzung als auch eine Alternative zum amerikanischen System.[88] Während in den Vereinigten Staaten Entwicklung und Betrieb der Satelliten unter bürokratischer Komplexität leiden, hat EUMETSAT eine einfache Struktur. Diese unabhängige Organisation wird von den Wetterdiensten von 30 Ländern finanziert und beaufsichtigt. Ihre 450 Mitarbeiter sind auf einem einzigen Gelände untergebracht und arbeiten unter einer zentralen Leitung. Planung und Betrieb der europäischen Wettersatelliten finden unter demselben Dach statt.

Für einen Journalisten, der aus der Nähe sehen will, wie Wettersatelliten funktionieren, und sich ein klares Bild von ihrem Einsatz machen möchte, ist EUMETSAT ein Traum. Sogar der Sitz der Organisation in der »Wissenschaftsstadt« Darmstadt ist leicht zu erkennen: Die Anlage hat die Form eines der ersten europäischen Wettersatelliten mit einem zylindrischen Gehäuse, aus dem Sonnensegel ragen. Im Garten sind große Modelle der Satellitenflotte zwischen Büschen verstreut wie Cocktailtische bei einem Hochzeitsempfang. Ein Satellit ist kein eleganter Anblick. Anders als der Körper eines Flugzeugs, der geschwungene Linien und glatte Oberflächen braucht, um durch die Atmosphäre gleiten zu können, weist das verschachtelte Gehäuse eines Satelliten, der keinen Luftwiderstand überwinden muss, zahlreiche sonderbare Auswüchse auf. Ein Satellit sieht aus wie ein vergoldeter Motorenblock, ein anderer wie eine Waschmaschine, deren Gehäuse weggesprengt wurde.

Es ist trotzdem erfreulich, dass die europäischen Satellitenmodelle in Darmstadt ausgestellt sind. Denn die tatsächliche Satellitenflotte von EUMETSAT bekommt man nie zu Gesicht. Wir sehen Satelliten normalerweise nur in einer von zwei Formen: entweder in Illustrationen, die zeigen, wie der Satellit durch den

Weltraum rast, oder als halbfertige Gebilde, die in einem fluoreszenten Licht schimmern und von Technikern in Schutzanzügen begutachtet werden. Ich besuchte die EUMETSAT-Zentrale, um einen ganz anderen Blick auf ihre Satelliten zu werfen, und zwar in dem Augenblick, in dem sie der Erde am nächsten kommen.

»Wissen Sie, die Leute beklagen sich unentwegt über die Wettervorhersagen«, erklärte Yves Buhler, der bei EUMETSAT für den technischen und wissenschaftlichen Support verantwortlich ist, als ich ihn in seinem hellen Eckbüro besuchte. Er war gekleidet, wie es sich für einen französischen Spitzenforscher gehört: makelloses weißes Hemd mit Haifischkragen, die Brusttasche voller Stifte mit feiner Spitze. »Aber im Allgemeinen sind sie sehr viel genauer geworden, und das auch auf mittlere Sicht, das heißt für einen Zeitraum von ein bis zwei Wochen. Woran liegt das? Nun, es liegt daran, dass die Satelliten ein geschlossenes Bild von der Erde liefern. Es gibt nirgendwo dunklen Flecken.« Der globale Blick ist alles entscheidend.

Die erste Generation geostationärer EUMETSAT-Satelliten, bekannt als Meteosat, wurde von 1977 bis 2002 eingesetzt – nicht dieselben Satellitenvehikel, aber dieselbe Generation, ähnlich der Modellversion eines Autos. EUMETSATs neuere geostationäre Satelliten – Meteosat 10 und 11, die bald durch 12 und 13 ersetzt werden sollen – decken das ab, was Buhler als »unser Gebiet« bezeichnet. Damit meint er Westeuropa und Afrika.

Im Jahr 2006 wurde der ältere geostationäre Satellit Meteosat 7 nach Osten verlegt und über dem Indischen Ozean platziert. (Mittlerweile wurde er durch Meteosat 8 ersetzt.) So wie alte Handys finden auch in die Jahre gekommene Wettersatelliten ein zweites Leben im globalen Süden. »Die WMO ist sehr glücklich darüber, dass wir dort drüben einen Satelliten haben, mit dem die Modelle ein bisschen besser gefüttert werden können«, erklärte mir Buhler.

Das Beobachtungsgebiet der erdnahen LEO-Satelliten mit polarer Umlaufbahn wird vom Initial Joint Polar System festgelegt, einem gemeinsamen Programm von EUMETSAT und NOAA zur Koordinierung von Umlaufbahnen und Datenformaten. Die Metop-Satelliten von EUMETSAT bewegen sich auf der Vormittagsroute und überfliegen jeden Abschnitt der Erde zu der Zeit, zu der es dort Vormittag ist. Die JPSS-Polarsatelliten von NOAA überfliegen jeden Ort am Nachmittag.

Dieses Duett ist relativ neu. EUMETSAT schickte erst im Jahr 2006 erstmals einen Satelliten mit polarer Umlaufbahn ins All, was verblüffend spät war. Bis dahin verließen sich die Europäer vollkommen auf die amerikanischen erdnahen LEO-Satelliten.

In der Ära der Wettermodelle hat erst die jüngste Satellitengeneration einen deutlichen Qualitätssprung bei den Vorhersagen ermöglicht. Die langsame Entwicklung des Systems hat zu dem Eindruck beigetragen, dass die Wettersatelliten so wie die gesamte Raumfahrttechnologie immer ein wenig veraltet und zugleich extrem anspruchsvoll sind. Es ist eine unvollendete Arbeit und wird es zweifellos immer sein. EUMETSATs Zeitplan für Satellitenstarts und -betrieb ist bis nach 2030 voll.

Aber Wettersatelliten haben auch tägliche Routineabläufe. Mitten in unserem Gespräch sah Buhler plötzlich auf seine große Armbanduhr und griff nach dem Telefon auf seinem Schreibtisch. »Wissen Sie, wann er vorbeifliegt?«, fragte er die Person am anderen Ende der Leitung. »Ja. Das ist perfekt. Perfekt.« Er führte uns durch das satellitenförmige Gebäude, öffnete elektronische Riegel und ging voraus durch sonnendurchflutete Treppenhäuser, wobei er im Vorbeigehen Wissenschaftler und Ingenieure auf Französisch, Englisch, Deutsch und Italienisch grüßte.

Hinter einer letzten schweren Doppeltür öffnete sich ein großer, hoher Saal mit Dutzenden Bildschirmen. Hoch oben an der Wand hingen große Countdown-Uhren. Ich fühlte mich wie in einem Hollywoodfilm. Dies war das Kontrollzentrum für die LEO-Satelliten. In einem angrenzenden Raum beaufsichtigten Techniker die geostationären Satelliten von EUMETSAT.

Jeder Raum hatte eine eigene Atmosphäre und einen spezifischen Rhythmus, so wie die Satelliten, die dort beobachtet wurden. Die Techniker im GEO-Kontrollraum führten eine stetige Aufsicht: Wenn alles funktioniert, geschieht dort nicht viel. Die erdnahen LEO-Satelliten sind lebhafter, und ihr Lebensrhythmus ist synkopischer. Alle dreißig Minuten überfliegt einer der LEOs den Nordpol: Dann öffnet sich das Zeitfenster, in dem er Funkkontakt mit der Bodenstation hat.

Als Buhler und ich eintraten, sprang Nico Feldmann auf, ein junger Ingenieur mit Pferdeschwanz. »23 Minuten!«, rief er. »Metop-B, über Svalbard!« Ich brauchte einen Augenblick, um den Scherz zu verstehen: Er spielte Spock auf der Kommandobrücke der Enterprise und erstattete Buhler Bericht, der in dieser Szene Captain Kirk war. Aber dann wurde mir klar, dass er es nur halb im Scherz meinte: Es stand wirklich eine Begegnung mit einem Raumfahrzeug bevor.

Die Steuerung der erdnahen EUMETSAT-Satelliten mit polarer Umlaufbahn erfolgt über eine Glasfaserverbindung, die quer durch Europa und durch die Barentssee zu der norwegischen Insel Spitzbergen (Svalbard ist die norwegische Bezeichnung für die Inselgruppe) nördlich des Polarkreises führt. Von dort aus wird über eine Parabolantenne mit einem Durchmesser von zehn Metern, die durch einen eiförmigen Dom von der Größe eines Hauses geschützt wird, eine Funkverbindung zum Satelliten hergestellt. Die von EUMETSAT genutzte Antenne ist eine von 31, die unweit des Global Seed Vault auf Spitzbergen, wo für den Fall einer globalen Katastrophe Pflanzensamen aus aller Welt aufbewahrt werden, auf einer Hochebene namens Platåberget stehen.

Während Buhler, Feldmann und ich im LEO-Kontrollzentrum in Darmstadt plauderten, rotierte die Antenne auf der Insel Svalbard schnell und fließend wie ein Roboterarm, bis die massive Schüssel genau auf den Punkt am Horizont gerichtet war, an dem Metop-B wie ein Staubkörnchen in einem Sonnenstrahl auftauchen würde.

Feldmann und seine Kollegen bezeichnen diesen Augenblick als »AOS« – ein Akronym aus der Raumfahrt, das »Acquisition of signal« (Signalerfassung) bedeutet. Metop-B umkreist die Erde vierzehn Mal am Tag und fliegt in einem Neigungswinkel von 98 Grad beinahe exakt von Norden nach Süden und Süden nach Norden, wobei er seine Instrumente durch einen schmalen Streifen der Atmosphäre auf die Erde richtet.

Ein Satellit mit polarer Umlaufbahn überfliegt naturgemäß in jedem Orbit die beiden Pole, aber da sich die Erde unter ihm dreht, überquert er den Äquator jedes Mal bei einem anderen Längengrad. Jede Umkreisung der Erde dauert 102 Minuten, aber der Satellit ist nur zwischen zwölf und fünfzehn Minuten von der Bodenstation auf Spitzbergen aus zu sehen – es hängt von der Tageszeit ab, denn Spitzbergen liegt nicht genau am Nordpol. An diesem Tag würde der kürzeste Überflug in der norwegischen Nacht erfolgen, gegen zwei oder drei Uhr morgens, wenn der Satellit dem Tageslicht auf der anderen Seite des Erdballs zustreben würde.

Die wichtigste Funktion jedes Überflugs besteht darin, die vielen Gigabyte an Beobachtungsdaten herunterzuladen, die der Satellit beim Umrunden des Planeten gesammelt hat. Die technische Bezeichnung dafür ist »vollständiger Abwurf«. Der Vorgang hat ein wenig Ähnlichkeit mit einem Versuch, einen Film just in dem Augenblick über das WLAN des Nachbarn herunterzuladen, in dem man im Auto an seinem Haus vorbeifährt. (Nur dass es beim Satelliten tatsächlich funktioniert.) »Wir müssen die Daten herunterladen, und wir müssen sie schnell herunterladen«, erklärte Buhler. Um die Verzögerung zwischen den Beobachtungen des Satelliten und der Weiterleitung der Daten zu verringern, kann man auch auf einen »halben Abwurf« zurückgreifen, wenn der Satellit die Forschungsstation McMurdo in der Antarktis überfliegt.

Jeder Überflug ist eine Mischung aus Drama und Routine. Deshalb hatte ich mich für diesen Kontrollraum und nicht für den benachbarten entschieden. Geostationäre Satelliten sind nun einmal … stationär. Sie scheinen wie ein Faultier über unserem Kopf zu hängen und ein wachsames Auge auf uns zu haben, was natürlich eine Illusion ist: In Wahrheit rasen sie mit einer Geschwindigkeit von etwa drei Kilometern pro Sekunde durch den Weltraum und bewältigen eine Erdumlaufbahn am Tag – mit anderen Worten, sie haben dieselbe Geschwindigkeit wie der Planet selbst. Aber ein geostationärer Satellit hat immer Kontakt mit der Bodenstation. Bei einem über die Pole kreisenden Satelliten hingegen hat jede Umrundung etwas Dramatisches. Sollte irgendetwas schiefgehen, während der Satellit nicht erreichbar ist – sollte ein Instrument versagen oder ein Temperatur- oder Spannungsparameter ausschlagen –, so ertönt ein Alarmsignal.

Feldmann lieferte seine eigene Analyse der geostationären Satelliten, für die seine Kollegen im Nebenraum verantwortlich waren. »GEOs sind langweilig«, sagte er. Buhler war diplomatischer und hob lieber die Vorzüge der LEO-Satelliten hervor: »Es ist immer interessant zu sehen, was in den hundert Minuten passiert ist, in denen der Satellit für uns unsichtbar um die Erde geflogen ist.«

Eine Countdown-Uhr mit roter LED-Anzeige verriet uns, wie weit Metop-B, der sich von der gegenüberliegenden Seite der Erde näherte, noch entfernt war. »Die erste Aktivität bei einem Überflug findet normalerweise zwölf Minuten vorher statt, wenn wir die Verbindung zur Bodenstation herstellen«, erklärte Feldmann. Der Moment nahte. Wir warteten. Ein Gerät piepste. »Da ist er«, sagte Feldmann. »Jetzt haben wir zwölf Minuten Zeit, um dem Raumfahrzeug Anweisungen zu geben.«

»Und die Daten herunterzuholen«, fügte Buhler hinzu, wobei er den Zeigefinger hob.

Wir sahen zu, wie sich eine Säule von Kästchen auf dem Monitor grün einfärbte. »Und die Telemetrie sieht … nominal aus«, sagte Buhler erleichtert.

»Nominal« bedeutet im Raumfahrtjargon »normal«, und mit »Telemetrie« war der grundlegende Zustand des Satelliten und seiner Systeme gemeint, Dinge wie Temperaturen und Spannungen. Jedes Mal, wenn der Satellit die Bodenstation überflog, beobachtete Feldmann insbesondere die Dauer von TM und TC, das heißt von *telemetry* und *telecommand* (Fernsteuerung), wobei mit Telemetrie die Qualität der Datenübertragung und mit Fernsteuerung die Fähigkeit zur Übermittlung von Befehlen an den Satelliten gemeint ist.

Die Daten und Befehle werden über relativ niedrige Frequenzen mit kurzer Wellenlänge (S-Band) übertragen. Das wirklich interessante Material – also die »wissenschaftlichen Daten« – werden über das X-Band übertragen, einen hohen Frequenzbereich. Feldmann deutete auf eine weitere Säule von Rechtecken. »Wenn diese grün leuchten, bedeutet das, dass die wissenschaftlichen Daten herunterkommen.« Wir sahen zu, wie sich die Säule langsam füllte. Feldmann ging die Liste von Akronymen der verschiedenen Instrumente durch: ASCOT, GOME, GASSS, IASI, AMSU-1, AMSU-2. Buhler sagte die Namen leise vor sich hin, wie ein Vater, der seinem Sohn bei einem Buchstabierwettbewerb zusieht. Mittlerweile hatte der Satellit 1,8 Gigabyte »abgeworfen«.

Wären die heruntergeladenen Daten ein Film gewesen, so hätte sich ihn nur ein experimenteller Filmemacher der Zukunft vorstellen können: Er bestand aus 10 000 Kanälen von Infrarot- und Radarsignalen, die aus dem Weltraum durch die Wolken geschossen wurden. Es blieben noch fünf Minuten, bevor die Verbindung zusammenbrechen würde.

Buhler und Feldmann erklärten die Details der Routine von Metop-B, und ich begann, den Satelliten als vielbeschäftigtes Instrument zu betrachten, das die Atmosphäre genauso aufmerksam beobachtet wie jede Wetterwarte am Boden. Er speichert die Aufnahmen auf seinem Solid-State-Memory und sendet sie bei Gelegenheit an die Bodenstation. Die Daten selbst sind keine Schnappschüsse, keine zeitlich abgegrenzten Klicks, sondern eher ein kontinuierlicher Filmstreifen, der belichtet wird, während der Roboter die Atmosphäre abtastet und dabei wie ein auf dem Boden schnüffelnder Bluthund durch den Weltraum rast.

Ich bemerkte nicht, dass Metop-B seinen »Abwurf« beendet hatte. »Wie Sie sehen, hat er die wissenschaftlichen Daten heruntergeschickt«, sagte Feldmann in einem Tonfall, der mich an David Attenborough erinnerte. »Wir haben noch etwas mehr als eine Minute, um ihm Anweisungen zu geben.« Aber das Kontrollzentrum hatte dem Satelliten nichts zu sagen. Alles war grün, alles war »nominal«.

In einem anderen Teil des Gebäudes hatten die Computer bereits begonnen, die Beobachtungsdaten in alle Welt zu verschicken, wobei sie den begierigsten Kunden besondere Aufmerksamkeit schenkten: den Betreibern der Wettermodelle, die ungeduldig auf die neuesten Messungen der Atmosphäre warteten.

Das Ganze besaß eine gefällige Symmetrie: Der Satellit saugte Informationen über die gesamte Erde auf, und EUMETSAT verteilte sie wieder auf der ganzen Erde. Wie Eisenhower richtig erkannt hatte, gehörte dieser Blick auf den Planeten dem Planeten. Die Satelliten mit polarer Umlaufbahn waren die Wetterwarten, die in unserer Zeit die Vorhersagen verändert hatten: Sie waren zu klein, um sie mit bloßem Auge zu erkennen, aber ich hatte jetzt eine Vorstellung davon, wie sie über uns kreisten.

Metop-B war wieder über den norwegischen Horizont entschwunden, ein unbekümmerter Roboter, der allein durch den Weltraum flog und seiner Beschäftigung nachging. Neben der Uhr, die die Zeit bis zum nächsten Überflug herunterzählte, hing das Odometer, das die Zahl der Umläufe des Raumfahrzeugs anzeigte: An diesem Nachmittag hatte Metop-B die 10 754ste Umrundung der Erde zur Hälfte abgeschlossen. Er war seit dem Jahr 2012 im Einsatz. In weniger als einer Stunde würde er erneut über den Horizont heranrasen. Sein Rhythmus ist mit unserem Leben verbunden, mit der Umdrehung unseres Planeten, die unsere Stunden definiert.

Ich verabschiedete mich von Nico Feldmann.

»Sie finden uns immer hier«, sagte er.

# 6

# Abgehoben

Als Vilhelm Bjerknes die ersten Versuche unternahm, das Wetter zu berechnen, brauchte er derart dringend Beobachtungsdaten, dass er oft selbst losging, um sie zu sammeln. Sein Sohn Jack erinnerte sich später an das unablässige Klappern der Schreibmaschine im Büro seines Vaters und daran, dass sie jedes Jahr in den Sommerferien »beeindruckende Drachen« steigen ließen, die »viel größer als Spielzeugdrachen« waren und Aufzeichnungsinstrumente trugen.[89]

Ich frage mich, was er wohl gedacht hätte, wenn er ein gutes Jahrhundert später beim Jahreskongress der American Meteorological Society durch die Ausstellungshalle geschlendert wäre. In den Randbereichen drängten sich auf einem meteorologischen Basar kleine Stände von Instrumentenbauern, Verlegern von Fachpublikationen und meteorologischen Abteilungen zahlreicher Universitäten. Aber im Zentrum wäre Bjerknes auf die großen Stände der Titanen des militärisch-industriellen Komplexes gestoßen, auf die Hochtechnologieprodukte von Unternehmen wie Northrop Grumman, Ball Aerospace, Harris und Raytheon. Dort standen auf weichen Teppichen uniformierte Mitarbeiter, die sich mit potenziellen Kunden unterhielten, und Halogenlampen beleuchteten maßstabsgetreue Modelle ihrer Produkte: Drohnen und Satelliten, die an transparenten Kabeln hingen oder in Nischen standen wie Statuen im Museum.

Neben den geostationären und erdnahen Satelliten – den GEOs und LEOs, den Metops und GOES – gibt es eine dritte Gruppe von Wettersatelliten. Diese Raumfahrzeuge sind für begrenzte, oft experimentelle Missionen bestimmt, deren Ziel es ist, die technologischen Grenzen der Beobachtung aus dem Weltraum weiter hinauszuschieben. Die Hersteller, die miteinander um Hunderte Millionen Dollar an öffentlichen Mitteln wetteifern, geben ihren Satelliten oft flotte Namen wie CALIPSO oder CloudSat. Diese Unternehmen schauen nicht nur hinunter auf die Erde, sondern auch in die Zukunft und testen und vervollkommnen neuartige Instrumente wie Laser, die aus dem Weltraum die Oberseite von Wolken abtasten. Jedes Jahr wird eine Buchstabensuppe neuer Satelliten auf den Start vorbereitet.

Als ich den Kongress der American Meteorological Society besuchte, der in jenem Jahr in Atlanta stattfand, war ich von einem Exponat besonders fasziniert. Aber das lag nicht daran, dass das Gerät denselben Namen trug wie eine japanische Boy Band, sondern daran, dass es eine ungewöhnlich beschränkte Funktion hatte: SMAP sollte aus dem All die Feuchtigkeit des Erdreichs messen.[90]

Die Bodenfeuchtigkeit ist ein ausgefallener Datenpunkt in der Meteorologie. Die Wettermodelle beinhalten sie als Variable, die jedoch nur selten aktualisiert wird, was teilweise daran liegt, dass sie kaum gemessen wird. SMAP versprach das zu ändern: Zwei im Weltraum um die Erde kreisende Sensoren sollten die Arbeit von zehn Millionen Sensoren am Boden übernehmen. Das schien mir ein Projekt zu sein, das Bjerknes gefallen hätte: Es war ein kühner

Versuch, die Beobachtung der Erde zu intensivieren, um das Wetter besser berechnen zu können. Und es war ein Beispiel dafür, wie der Schwanz der Wettermodelle mit dem Hund des weltweiten Beobachtungssystems wackelte. Die Bodenfeuchtewerte waren keine neuen Daten, die für die Wettermodelle genutzt werden konnten, sondern es waren Daten, die bereits für die Modelle gebraucht wurden.

»Du fliegst in den Weltraum, weil du eine Karte von der Welt haben willst«, erklärte mir Dara Entekhabi, der wissenschaftliche Leiter des SMAP-Projekts, den ich in den höhlenartigen Fluren des Kongresszentrums von Atlanta aufgespürt hatte. Entekhabi, geboren im Iran und ausgebildet in den Vereinigten Staaten, war Professor am MIT, wo er in der Abteilung für Zivil- und Umwelttechnik forschte. Er hatte seine akademische Laufbahn in der Geografie begonnen, bevor er in den Neunzigerjahren in die Ingenieurwissenschaft gewechselt war, wobei er stets »mit einem Fuß in der Meteorologie und mit dem anderen in der Hydrologie« stand.

Zu jener Zeit waren dies zwei unverbundene Disziplinen in getrennten Abteilungen; die eine gehörte zu den Geowissenschaften, die andere zur Ingenieurwissenschaft. Interaktionen gab es kaum. Für die Meteorologen existierte der Regen nicht mehr, sobald er die Erdoberfläche erreichte. Die Hydrologen ihrerseits interessierten sich nicht dafür, woher das Wasser kam.

Als junger Forscher am MIT begann Entekhabi, sich mit dem Zusammenhang zwischen Niederschlägen und dem Wasser an der Erdoberfläche zu beschäftigen, insbesondere mit der Frage, wie sich dieser Zusammenhang in der Bodenfeuchtigkeit niederschlug. Er wusste, dass die Wettermodelle mit diesen Daten verbessert werden konnten, vor allem, da sie als neue Variable fungieren würden. Die Wettermodelle werden oft besser, wenn ihre Auflösung erhöht und die Atmosphäre in immer kleinerem Maßstab beobachtet und berechnet wird. Aber um die Auflösung erhöhen zu können, muss die Datenmenge erhöht werden. Es gibt mehr Beobachtungsdaten, die berechnet werden können.

Allerdings kann die erhöhte Präzision ein Wettermodell auch turbulenter machen, so wie das Flackern eines Pixels, wenn man ein Bild auf dem Computerschirm zoomt. »Irgendwann beginnt man, sich im Kreis zu drehen«, sagte Entekhabi. Eine Erhöhung der Auflösung eines Parameters macht auch eine Erhöhung der Auflösung eines anderen erforderlich und umgekehrt. Da die Bodenfeuchtigkeit in den Modellen allgegenwärtig war, bei der Beobachtung jedoch nicht berücksichtigt wurde, erkannte Entekhabi hier eine Chance.

Er verbrachte 15 Jahre damit, die Verantwortlichen davon zu überzeugen, dass es nötig war, 800 Millionen Dollar in einen Satelliten zu investieren, der globale Bodenfeuchtedaten sammeln konnte. Seine Argumentation begann mit einer einseitigen Stellungnahme zum »wissenschaftlichen Imperativ« und der »technologischen Reife« – das heißt mit der Erklärung, dass die Welt diesen Satelliten brauchte und dass es möglich war, ihn zu bauen – und wuchs im Lauf der Zeit zu einem 400 Seiten dicken Dokument an, das er bescheiden als »das Handbuch« bezeichnet.

Dass er schließlich grünes Licht für das Projekt erhielt, verdankte er Interessenten außerhalb der Meteorologie, darunter vor allem das amerikanische Verteidigungsministerium. Informationen über die Bodenfeuchtigkeit werden sowohl für Nebelvorhersagen für geringe Höhen als auch für die Berechnung der Dichtehöhe der Luft benötigt, die unverzichtbar ist, um das Leistungsvermögen von Fluggeräten insbesondere im Gebirge zu

berechnen. (Ein berühmtes Beispiel ist der Absturz eines Hub-
schraubers während des Sturms auf das Versteck von Osama bin
Laden im pakistanischen Abbottabad: Die Ursache war möglicherweise ein Fehler bei der Berechnung der Dichtehöhe.) Der
Wunsch des Militärs nach genaueren Bodenfeuchtewerten hatte
entscheidenden Anteil daran, dass SMAP schließlich verwirklicht
wurde. Wie immer in der Satellitentechnologie war das Verteidigungsministerium der großzügigste Geldgeber.

Entekhabi und sein Team brachen jeden Sommer zu Feldstu-
dien auf und montierten Prototypen ihrer Instrumente an einem
Kleinflugzeug, um die Messergebnisse anschließend mit den am
Boden ermittelten Feuchtigkeitswerten abzustimmen. Ihr Satellit
in spe trug anfangs einen poetischen Namen – sie nannten ihn
Hydros nach dem griechischen Gott der Gewässer –, aber bald
setzte sich das Akronym SMAP durch, das für »Soil Moisture
Active Passive« steht. Um die bürokratischen Hindernisse zu
überwinden, musste der Satellit seine Geschichte selbst erzählen.
Die Worte »Active« und »Passive« beziehen sich auf eine besondere technologische Fähigkeit von SMAP, nämlich auf die Kombination von Radar und Radiometer. Ein Radar sendet Funkwellen
und empfängt ihr Echo; ein Radiometer empfängt sie nur. Die
Verbindung beider Technologien ermöglicht eine außergewöhnliche Kombination von Breite – alle zwei bis drei Tage wird die
gesamte Erde erfasst – und Genauigkeit, da der Radar bessere
Messungen ermöglicht als der Radiometer allein. Aber der Name
war vor allem aus taktischen Gründen gewählt worden. »Wir wollten, dass die Funktion des Satelliten vollkommen klar in seinem
Namen zum Ausdruck kam«, erklärte mir Entekhabi, »damit die
Leute, die in der NASA-Zentrale die Entscheidung fällen mussten,
von vornherein wussten, dass unser Satellit die Bodenfeuchtigkeit

aktiv und passiv maß.« Das Projekt hing an einem seiden Faden – »Ich weiß nicht, wie oft es abgeblasen wurde« –, aber die Argumente waren überzeugend.

SMAP wurde im grellen Scheinwerferlicht der berühmtesten amerikanischen Raumfahrtfabrik zusammengesetzt: in High Bay 1 im Jet Propulsion Laboratory im kalifornischen Pasadena. In dieser Werkshalle von der Größe einer Sporthalle wurden die Apparate gebaut, die sich am weitesten von der Erde entfernt haben: die Sonden, die zur Venus, zum Mars, zum Jupiter, zum Saturn, zum Uranus und zum Neptun geschickt wurden.

Insbesondere meine Generation betrachtete diese Leistungen als selbstverständlich und erlebte die Starts des Space Shuttle als etwas Alltägliches (bis wir mit ansehen mussten, wie die Raumfähre explodierte, und unsere Blauäugigkeit verloren). Aber je länger ich über die Frage nachdachte, wie wir die Erde aus dem Weltraum betrachten, desto größer wurde meine Verblüffung. Die Innereien und die Hülle des fast fertigen Satelliten lagen von einfahrbaren Haltestangen geschützt auf dem weißen Fliesenboden in der Mitte des Raums, umgeben von Ausrüstungsgestellen, Werkzeugwagen und fahrbaren Computerstationen. Dieser Apparat würde tatsächlich in eine Umlaufbahn *da oben* geschossen werden, damit er sich daranmachen konnte, die Feuchtigkeit des Bodens *hier unten* zu messen.

Diese ehrfurchtsvolle Ungläubigkeit umfing mich die ganze Zeit im Jet Propulsion Laboratory. Am Wachhaus am Haupteingang, das mit seinem großen gekrümmten Fenster aussieht wie die Kommandobrücke eines Schiffes, prangt der Schriftzug »Willkommen in unserem Universum«. Im zentralen Warteraum für Besucher lief auf einem Fernsehbildschirm nicht CNN, sondern

NASA-TV, und während ich wartete, sah ich ein Video vom Andockmanöver einer russischen Sojus-Raumkapsel an der Internationalen Raumstation, ein Bild, das Präsident Kennedy mit Erstaunen und Wohlgefallen gesehen hätte.

Das JPL entstand in den Dreißigerjahren, als ein aus Ungarn stammender Professor namens Theodore von Kármán vom California Institute of Technology in einer Wüstenschlucht in der Nähe erstmals ein Raketentriebwerk testete. Im Zweiten Weltkrieg wurde das Labor vom Verteidigungsministerium mit Geld überhäuft, und danach, damit die Ingenieure die erbeuteten Baupläne für die deutsche V2 studieren konnten. Es gelang ihnen bis 1947, eine primitive Lenkrakete namens Corporal zu entwickeln, die ein notwendiger erster Schritt zu einer Rakete war, die zu kontrollieren man hoffen durfte – und dies war ein unverzichtbarer Schritt auf dem Weg zur Ausrüstung einer Rakete mit einem Atomsprengkopf.[91] Der Rüstungswettlauf in der Raketentechnologie war entbrannt, und der Beginn des Wettlaufs ins All stand unmittelbar bevor.

Das JPL spielte eine zentrale Rolle in dem Bemühen, die gewaltigen technologischen Probleme zu lösen, mit denen die Forscher nun konfrontiert waren: Sie mussten nicht nur Grundlagen der Raketentechnik wie Aerodynamik und Treibstoffchemie bewältigen, sondern auch Funkverbindungen, neuartige Instrumente, Überschallwindtunnel und die beispiellose Herausforderung, etwas zu bauen, das derart solide war, dass es mit gutem Gewissen »außerhalb der Reparaturreichweite« eingesetzt werden konnte, wie es die Raketenbauer ausdrücken.

Die Fortschritte waren erstaunlich. Innerhalb einer Generation gelang den JPL-Ingenieuren der Sprung von primitiven Raketen zu Raumfahrzeugen, die zu anderen Planeten reisen konnten,

darunter zum Beispiel die Mariner-Sonden, die in den Sechziger-
und Siebzigerjahren den Mars, die Venus, den Merkur und den
Saturn besuchten. Doch JPL litt unter dem grundlegenden Dua-
lismus des Raumfahrtprogramms: Dort wurden die Maschinen
für ein neues Zeitalter der Entdeckungen gebaut, in dem es der
Menschheit gelingen würde, bis an die Grenzen des Sonnensystems vorzustoßen – aber gleichzeitig wurden dort Technologien
entwickelt, welche die Menschheit zerstören konnten. Es war
unmöglich, die kriegerischen Gene aus der DNA der Wettersatelliten herauszuschneiden. Wir schickten aus vielen Gründen Raumfahrzeuge ins All, aber es gab nur einen Grund dafür, dass es uns
gelang zu lernen, wie wir das anstellen konnten.

SMAP mit seiner dualen militärischen und zivilen Mission
war keine Ausnahme. Ein Pressebetreuer winkte mich durch das
Sicherheitstor, und wir überquerten das Gelände mit Gebäuden
in Wüstenfarben und gepflegten Büschen. Wir stiegen über eine
schmale Treppe zur kleinen Besuchergalerie von High Bay 1 hinauf, die wie eine Loge in einem Stadion wirkte. Dort wartete Sam
Thurman auf mich, der stellvertretende Leiter des SMAP-Projekts.
Mit seinem kurzgeschorenen Haarschopf und dem weißen Hemd
sah er ein wenig aus, als wäre er aus einem NASA-Foto aus den
Sechzigerjahren gestiegen, und er sprach auch so.

Der SMAP-Satellit, dessen Teile hinter einer Glasscheibe zu
unseren Füßen ausgebreitet waren, befand sich in der abschließen-
den Testphase. Er war ein mittelgroßes Raumfahrzeug »von der
Größe eines Mini Cooper«, wie Thurman im für die NASA typischen gemächlichen, scherzhaft paternalistischen Tonfall erklärte.
SMAP hatte zahlreiche bewegliche Teile, die sich oft ungewöhnlich bewegten. Das äußere Erscheinungsbild war sonderbar: Ein
runder Antennenreflektor hing über dem Gehäuse des Satelliten

wie ein Heiligenschein. Er bestand aus einem feinmaschigen Netz, und er war groß: Wenn der Satellit in seiner Umlaufbahn angekommen war, würde sich der Reflektor wie ein Regenschirm öffnen und einen Durchmesser von knapp sieben Metern annehmen. Sein Rahmen war an einem langen Arm befestigt, um den er sich mit 14,6 Umdrehungen pro Minute drehen würde – das heißt mit einer Umdrehung alle vier Sekunden –, um auf diese Art den Erfassungsbereich auf dem Boden zu vergrößern, so wie man bei Nacht einen Pfad im Wald besser beleuchten kann, indem man seine Taschenlampe in Kreisbögen schwenkt.

Fast alle Bestandteile des Satelliten waren speziell für ihn angefertigt worden: Northrop Grumman, Boeing, das Goddard-Laboratorium der NASA und JPL hatten Komponenten beigesteuert. Er war ein »Double-Spinner«, wie Thurman erklärte, was bedeutete, dass »sich ein Teil dreht und der andere nicht«. Einige Teile, darunter die Schleifringeinheiten für die Signalübertragung zwischen sich drehenden und festen Teilen, hatte Boeing für Kommunikationssatelliten zu bauen gelernt. Aber dies hier war eine einmalige Konstruktion. »Du kannst nicht einfach losgehen, um ein Radarsystem für die Messung der Rückstreuung auf einer bestimmten Wellenlänge des L-Bands zu kaufen«, sagte Thurman. Design, Bau und Tests jeder einzelnen Komponente des Satelliten waren sehr teuer. Thurman erklärte mir den Grund dafür, obwohl dieser eigentlich auf der Hand lag: »Wenn du dieses Baby einmal hinaufgeschossen hast, kannst du es nicht mehr zurückholen.«

Wie alle Satelliten war SMAP feingliedrig und zugleich robust, wie ein Rennrad. Es konnte nirgendwo gespart werden, aber das Engagement war kompromisslos. In dieser Phase, ein Jahr vor dem Start, wurde alles getestet: Die Teile wurden »durchgerüttelt, gekocht, eingefroren und gebraten«, wie Thurman es ausdrückte. SMAP würde über das JPL-Gelände zu einem Schütteltisch gefahren, um den Satelliten den Erschütterungen auszusetzen, die er beim Start aushalten musste. Wenn die Tests abgeschlossen waren (und unter der Voraussetzung, dass keines der 30 Millionen Dollar teuren Bauteile abfiel), würde SMAP in einen Spezialcontainer verladen und in Begleitung einer Eskorte der kalifornischen Highway Patrol die Küste hinauf zum Luftwaffenstützpunkt Vandenberg gebracht werden, wo er an eine Rakete montiert würde.

In den Tagen vor dem Start dachte ich über das von den Satelliten gelieferte globale Bild und über die politische Fracht nach, die sie in den Weltraum trugen. Um dem Start von SMAP beiwohnen zu können, hatte ich mit der Abteilung für Öffentlichkeitsarbeit des 30. Geschwaders in Vandenberg kommuniziert. Der Stützpunkt hatte eine Geschichte im Kalten Krieg. Sein inoffizielles Motto war »Nuke Free since '63«, aber dort fanden immer noch so häufig Tests mit ballistischen Interkontinentalraketen des Typs Minuteman III statt, dass ein über den Himmel rasender Feuerball in den Nachbargemeinden niemanden mehr in Erstaunen versetzte. Dennoch wurde jeder Raketenstart wie ein besonderes Ereignis behandelt, was sonderbar schien.

Sollte es tatsächlich zu einem Atomkrieg kommen, so würden die 450 über Wyoming, Montana und North Dakota verstreuten Minuteman-Raketen innerhalb von 15 Minuten starten – eine gleichermaßen furchtbare wie unwahrscheinliche Vorstellung. Wenn man sich den Aufwand in Vandenberg ansah, schien das vollkommen unrealistisch. Entweder wurden die Tests, die wochenlang vorbereitet werden mussten, mit unnötiger Sorgfalt durchgeführt oder die Minuteman-Flotte war sehr viel komplexer

und teurer, als sich der Normalbürger vorstellen konnte, oder
die Raketen waren nur von symbolischem Wert – eine moderne
Maginot-Linie, die im Ernstfall keinen wirklichen Nutzen haben
würde. Höchstwahrscheinlich war es ein wenig von allem.
Was mich an der Raumfahrt besonders faszinierte, war die
ungeheure Vorstellungskraft, die sie erforderte. Satelliten sind
nicht nur »außerhalb der Reparaturreichweite«, sondern bewegen sich auch weit außerhalb unseres Gesichtsfelds. Der Blick
vom Satelliten aus hat unsere Vorstellung von der Erde verändert
und eine »kopernikanische Revolution« ausgelöst, wie es der Phi-
losoph Peter Sloterdijk ausdrückt.[92] So wie Kopernikus bewies,
dass die Erde nicht der Mittelpunkt des Universums war, schufen
die Raumfahrt und die Bilder der Erde, die uns die Satelliten
zurückschickten, eine »umgekehrte Astronomie«, in der wir uns
unseren Planeten mittlerweile oft so vorstellen, als würden wir
von oben auf ihn herabschauen. Schwieriger ist es, in die Kamera
zu schauen. Es fällt uns schwer, »eine Beziehung zu den Satelliten
herzustellen, weil sie sich so vollkommen außerhalb unserer alltäglichen Erfahrung und der sichtbaren Welt bewegen«, wie es
der Geograf Stephen Graham ausdrückt.
   Diese Schwierigkeit wirkt sich auch auf die Wettervorhersagen aus. Einen Blick auf die Wettervorhersage zu werfen ist eine
banale Aktivität, so wie die Heizung aufzudrehen oder die Toilet-
tenspülung zu bedienen. Aber wenn wir uns die Wettervorhersage
ansehen, reisen wir im Geist weit durch Raum und Zeit, erheben
uns über die Erde und schauen mithilfe von Radaren oder Satelliten auf die Wolken hinab, wobei wir das Bild mit der Vorhersage
in die Zukunft vorspulen. Ich hoffte, die Teilnahme am Start von
SMAP werde das System für mich greifbarer, weniger imaginär
machen.

Der Luftwaffenstützpunkt liegt unweit der Ortschaft Lompoc. Wären da nicht die bewaffneten Militärpolizisten, das Schild mit der Aufschrift »Force Condition Alpha« und der weiße Geländewagen mit dem Schriftzug »Kryotechnische Wartung« auf der Seite gewesen, so hätte man den Haupteingang mit der Zufahrt zu einem weitläufigen Weingut verwechseln können. Ich stellte meinen Wagen auf dem Parkplatz vor dem Haupttor ab und stieg gemeinsam mit einem Dutzend Männern und einer Frau, die alle Stative und Kamerataschen trugen, in einen altmodischen weißen Bus. Am Steuer saß ein Soldat im Tarnanzug, der die Pressegruppe gemächlich quer über den in der Abenddämmerung daliegenden Stützpunkt zur Abschussrampe fuhr.

Dann tauchte sie zwischen den Eukalyptusbäumen auf: Im gleißenden Scheinwerferlicht erhob sich eine Struktur wie ein Hochhaus mit einer blinkenden roten Lampe an der Spitze. SMAP würde mit einer Delta II in den Weltraum geschossen werden, einer sehr zuverlässigen Rakete, die seit Mai 1960 370-mal erfolgreich eingesetzt worden war. Das war eine beeindruckende Zahl, insbesondere in Anbetracht der Komplexität des Vorgangs und der Nervosität, die immer noch jeden Raketenstart begleitete.

Die »Vermählung« des SMAP-Observatoriums, wie es im Fachjargon hieß, mit der Delta II hatte sechs Monate früher begonnen. Nun sollte die Rakete am folgenden Morgen abheben. Für diesen Abend war das Rollback-Manöver angesetzt: Der Wartungsturm von Slick 2, wie der Startkomplex genannt wurde, wurde weggefahren, womit die Rakete frei auf der Rampe stand. Aber die technische Komponente war nur ein Teil des Vorgangs. Ein Rollback ist eine mit Aberglauben befrachtete Zeremonie, wie eine Probe für eine Vermählung.

Unser Schulbus hielt an einer kleinen Anhöhe direkt neben der Abschussrampe, und wir stiegen hinauf, um einen besseren Blick auf die Rakete zu haben. Während die anderen Besucher damit beschäftigt waren, im Licht ihrer Stirnlampen ihre Kameraausrüstung vorzubereiten, sah ich mir das Raumfahrzeug an. Staub tanzte in den Lichtkegeln der riesigen Scheinwerfer, die die Rakete von drei Seiten beleuchteten. Hinter gelben Sicherheitsgeländern standen Brennstoffkanister, kleine Geländewagen und ein offener Laster, auf dessen Ladefläche mehrere Videokameras montiert waren. Aber da waren auch Kiebitze in den umgebenden Dünen und ein Dreiviertelmond (den seit mehr als vierzig Jahren kein Mensch besucht hatte). Dieselgeneratoren brummten, und in der Luft hing eine verwirrende Mischung von Meeresbrise und Kerosingestank.

Ich verfolgte die Fortschritte des SMAP-Programms mittlerweile seit mehr als einem Jahr; ich hatte den erdnahen EUMETSAT-Satelliten vorbeifliegen sehen und mich über die Verbesserungen an den neuen GOES-Satelliten informiert. Dennoch überraschte mich der gewaltige Aufwand, der erforderlich war, um diesen Satelliten in den Weltraum zu bringen. Hier ging es offenkundig um mehr als um die Messung der Feuchtigkeit des Erdbodens: Dies war zugleich ein Prestigeunternehmen, ein schwer einzustufender Vorstoß im Streben nach wissenschaftlichem Vorsprung und ein Ausdruck des Zwangs, an dem großen Vorhaben festzuhalten – denn ein Ende des sechs Jahrzehnte früher in Angriff genommenen Raumfahrtprojekts wäre für die NASA ein undenkbares Eingeständnis der Niederlage gewesen.

Ein in der Dämmerung schimmernder weißer Buick fuhr am Fuß der Anhöhe vor und zog die Aufmerksamkeit aller Anwesenden auf sich. Ein Astronaut stieg aus: Charles Bolden, der

Administrator der NASA, war viermal an Bord des Space Shuttle in den Weltraum geflogen. Zufällig war dies auch der Day of Remembrance, der Tag, an dem die NASA der Challenger-Katastrophe gedenkt. Der Arbeitstag Boldens hatte auf dem Nationalfriedhof in Arlington begonnen, wo er einen Kranz für die Toten der NASA niedergelegt hatte, bevor er quer über das Land nach Vandenberg geflogen war, um dem Start des Satelliten beizuwohnen.

Eine kleine Schar von Wissenschaftlern und Technikern, die an SMAP gearbeitet hatten, drängte sich mit ihren Familien am Fuß des sandigen Hügels um den Leiter der Raumfahrtbehörde. Er küsste ein Baby und beantwortete eine Frage eines Zweitklässlers. »Was wird der Satellit tun?«, fragte das Kind. Bolden erklärte kurz die Mission von SMAP. »Aber im Grunde geht es uns darum, den Planeten zu verstehen«, sagte er.

Der Geist von JFKs Ankündigung, der die NASA zu ihren größten Erfolgen getrieben hatte, schien noch immer allgegenwärtig. Das warf eine Frage auf, und ich drängte mich vor, um sie zu stellen: Wie passte SMAP in das größere Projekt der Entdeckung und Nutzbarmachung des Weltalls durch den Menschen? »Wenn wir zwanzig, dreißig Jahre in die Zukunft blicken, so sehen wir Menschen auf dem Mars«, antwortete Bolden. »Alles, was wir gegenwärtig tun, ist eigentlich ein weiterer kleiner Schritt auf dem Weg zum Mars.«

Dann sagte er etwas, das unerwartet wehmütig klang: »Als ich im Jahr 1980 zur NASA kam, dachte ich, wir würden heute sehr viel weiter sein, als wir tatsächlich gekommen sind. Ich gehöre zu denen, die überzeugt sind, dass wir mit dem Verlust der Challenger Jahrzehnte verloren haben. Viele Leute glauben, dass wir unsere Risikobereitschaft eingebüßt haben. Ich bin nicht dieser

Meinung. Ich denke einfach, dass es einige Zeit dauerte, die Nation wieder zu motivieren und den Wagemut der Leute erneut zu wecken. Der NASA fehlt es nicht an Risikobereitschaft, aber die Leute, die uns unterstützen, sind risikoscheu geworden: der Kongress, die Regierung. Selbst heute denken viele Leute, dass wir zu weit gehen, wenn wir davon sprechen, zum Mars zu fliegen.« SMAP war in diesem Kontext eine einfache Aufgabe. Es war nur ein weiteres kleines Bauteil, das in die gewaltige Maschine eingefügt wurde. Der Blick aus dem Weltraum war ein unglaublicher technologischer Sprung, der noch nicht allzu lange zurücklag. Würde ein weiterer großer Sprung gelingen? Und welche neuen technologischen Möglichkeiten würde dieser Sprung eröffnen? Wie tief konnten wir in die Atmosphäre sehen? Und wie weit in der Zukunft lag dieser Fortschritt?

Bolden stieg wieder in den Wagen, die Menge zerstreute sich, und die Kinder der Angestellten machten sich auf den Heimweg, denn es war Zeit fürs Bett. Das riesige Gerüst begann sich von der Rakete wegzubewegen, so langsam, dass ich anfangs genau hinsehen musste, um zu erkennen, dass es sich bewegte. Der hochaufragende, mit hässlichen orangefarbenen Lampen bestückte Turm, von dem überall Kabel herabhingen, zog sich ins Halbdunkel zurück, während die Rakete, die in dem Turm zusammengebaut worden war, das ganze Licht auf sich zu ziehen schien. Bisher hatte sie niemand vollkommen fertig gesehen, bereit, den Planeten zu verlassen.

In den frühen Morgenstunden stiegen wir erneut in den Schulbus der Air Force, der uns zu einer Lichtung in einem Eukalyptushain brachte, wo wir in sicherer Entfernung von der Abschussrampe den Start verfolgen konnten. Im Kontrollzentrum von Vandenberg saßen die Mitarbeiter seit Mitternacht an ihren Computern (oder »Konsolen«, wie sie es ausdrückten). Zu dieser Zeit war damit begonnen worden, die Treibstofftanks der Rakete mit flüssigem Wasserstoff zu füllen und die letzten Navigationsanweisungen in das System zu laden. Der Countdown hatte begonnen.

Von Vandenberg aus steigen die Raketen in den »westlichen Bereich« über dem Pazifik auf. In den letzten Momenten des Countdowns musste diese Zone von sämtlichen Hindernissen befreit werden – »See, Land, Luft und Raum« mussten frei sein, wie es der verantwortliche Oberst ausdrückte. Das schloss kleine Segeljachten ebenso ein wie ausländische Zerstörer. Das globale Trackingsystem der Air Force, ein weiterer ungeheuer teurer Bestandteil der Infrastruktur des Kalten Kriegs, war aktiviert worden, um die Rakete zu verfolgen. 99 Sekunden nach dem Start würde die Delta-Rakete ihre erste Stufe abwerfen, die in den Ozean fallen würde. 45 Minuten später würde die Rakete, die mit einer Höchstgeschwindigkeit von gut 19 000 Stundenkilometern flog, einen »Parkorbit« erreichen. 57 Minuten nach dem Start würde sich das SMAP-Observatorium von der Rakete lösen. Aber damit all das so funktionieren konnte, dass der Satellit die richtige sonnensynchrone Umlaufbahn erreichte, musste der Start in einem Zeitfenster von drei Minuten erfolgen. Die Rakete würde zwischen 6:20:42 Uhr und 6:23:45 Uhr morgens abheben, oder sie würde an dem Tag überhaupt nicht abheben.

Tatsächlich hob die Rakete weder an diesem noch am nächsten Tag ab. Am ersten Morgen machten starke Winde in der oberen Atmosphäre den Start unmöglich. Die auf der Lichtung versammelten Berichterstatter stöhnten enttäuscht auf, als eine Lautsprecherstimme den Startabbruch verkündete, und packten sofort ihre Ausrüstung ein. Am folgenden Tag wurde der Countdown durch ein mechanisches Problem unterbrochen, noch bevor wir in den Eukalyptushain gebracht werden konnten. Ich musste heimkehren. Ich saß daheim in New York auf meinem Bett und verfolgte in einem Videofeed der NASA, wie SMAP die Erde hinter sich ließ. Die Abschussrampe war in einen dichten Nebel gehüllt, und es dauerte eine Minute, bis mir klar wurde, was ich verpasst hatte: drei Sekunden Gepolter, bevor die Delta in den Wolken verschwand.

Fünf Monate später trafen schlechte Nachrichten ein. Am 7. Juli 2015 stellte der Radar von SMAP den Betrieb ein. Die NASA-Ingenieure suchten ein paar Monate nach dem Fehler und versuchten ihn zu beheben, mussten schließlich jedoch aufgeben und das Instrument als »verloren« einstufen. Der Radiometer – das »passive« Element – funktionierte weiter. Aber die Auflösung der Bodenfeuchtekarten würde dauerhaft verringert sein.

»Die Wahrscheinlichkeit eines Ausfalls ist ungleich null«, hatte Entekhabi gesagt. »Es ist eine harte Umgebung. Alles muss funktionieren. Es ist ein sehr riskantes Unterfangen. Ich habe so lange darauf gewartet, und ich hoffe …« Er hatte den Satz nicht beendet.

Ein weiterer amerikanischer Satellit war ausgefallen. Es ist üblich zu sagen, dass »der Weltraum eine schwierige Umgebung ist«. Aber ich verstand es anders: Die Erde ist eine schwierige Umgebung. Um die Atmosphäre zu verstehen, muss man zahlreiche bewegliche Teile verstehen, und zwar sowohl konzeptuell als auch mechanisch. Ich empfand Ehrfurcht angesichts der Weltraumtechnologie, aber dieses Gefühl wurde durch die Tatsache geschmälert, dass das damit verbundene Projekt der Beobachtung der Atmosphäre niemals abgeschlossen würde. Die Komplexität war zu groß, die Auflösung nie hoch genug, die Beherrschung des Chaos stets einen Schritt entfernt.

Die SMAP-Mission wurde schließlich gerettet, wobei die Hilfe aus einer überraschenden Richtung kam: Der C-Band-Radar der Sentinel-Satelliten, die von der Europäischen Weltraumorganisation zur Erforschung des Klimawandels eingesetzt werden, hatte so große Ähnlichkeit mit dem defekten SMAP-Radar, dass die Forscher die Datensätze kombinieren und die Empfindlichkeit und Auflösung von SMAP beinahe nachbilden konnten. Von nun an arbeiteten nicht mehr zwei Instrumente miteinander in einem Raumfahrzeug, sondern nebeneinander in zwei Raumfahrzeugen, und ihre Daten wurden algorithmisch kombiniert, um eine Karte der Bodenfeuchtigkeit auf der Erde zu erzeugen.

Es war eine ziemlich komplizierte Lösung, die ein perfektes Beispiel dafür lieferte, dass die Wettermaschine ein System von Systemen ist: In Satelliten um die Erde kreisende Instrumente werden am Boden mathematisch verknüpft, um ein einheitliches digitales Modell der Atmosphäre zusammenzusetzen. Um den Traum der Meteorologen zu verwirklichen, brauchte man keine einheitliche Vision, sondern man musste Tausende Instrumente zu einem Flickenteppich zusammensetzen. Nur indem man all deren Daten miteinander kombinierte, konnte man jenes Bild des »gegenwärtigen Zustands der Atmosphäre« gewinnen, von dem Bjerknes geträumt hatte.

Der nächste Schritt bestand darin, ihren zukünftigen Zustand zu berechnen. Und dafür mussten wir die Wettermodelle verstehen.

Teil III

# Simulation

# 7

## Vom Gipfel des Berges

In den Bergen Colorados herrscht im Sommer eine trockene Hitze, die nachmittags durch heftige Gewitter unterbrochen wird, die über die Rocky Mountains heraufziehen. An einem wolkenlosen Junimorgen fuhr ich aus dem Zentrum von Boulder hinaus in die Gegend, wo die Vororte Sandsteinformationen wichen, die sich aus der mit Kiefern gesprenkelten Prärie erhoben. Am Ende einer spektakulären Zufahrt erhoben sich mehrere kupferbraune, verwinkelte Türme, die wie eine Bergfestung wirkten. Die Größe der Gebäude war schwer zu erkennen. Sie hatten schmale hohe Fenster und waren so massiv, dass sie wie natürliche Auswüchse des Bergs wirkten.

Dies war der Sitz von Mesa Lab, der spirituellen Heimat der amerikanischen Wetterforschung. Das Mesa Laboratory war 1966 in einem Augenblick, als die Meteorologie angestoßen durch Präsident Kennedys Interesse neu erfunden wurde, als Flaggschiff des National Center for Atmospheric Research (NCAR) gegründet worden.[93] Die verblüffenden technologischen Fortschritte im Kalten Krieg hatten ein vollkommen neues Betätigungsfeld für die Meteorologen erschlossen. Satelliten konnten die Wolken von oben betrachten. Elektronische Computer konnten mit hoher

Geschwindigkeit Gleichungen berechnen. Radare konnten am Horizont aufziehende Stürme sehen.

Bei der Einweihung der Anlage erklärte Walter Orr Roberts, der erste Leiter des Zentrums für die Erforschung der Atmosphäre: »Der Himmel ist tatsächlich die Höchstgrenze. Kein wissenschaftliches Gebiet – nicht einmal die Atomenergie, die Medizin oder die Raumfahrt – eröffnet größere Möglichkeiten, zum Wohl der Menschheit beizutragen, als das der atmosphärischen Wissenschaft.«[94] Dies war die Bezeichnung, welche die Förderer (und Gründer) der Disziplin in Washington der Meteorologie gegeben hatten.

Roberts wollte, dass dieses Bestreben auch in der Architektur des neuen Laboratoriums zum Ausdruck kam. Er beauftragte den Architekten Ieoh Ming Pei, eine Anlage zu entwerfen, die »sowohl die kontemplativen als auch die aufregenden Aspekte der wissenschaftlichen Tätigkeit« ausdrücken sollte. Der Sitz des Laboratoriums sollte »monastisch, asketisch, dabei jedoch einladend« sein. Er sollte eine »Seele« haben.[95]

Auf der Suche nach Inspiration schlug Pei sein Lager in der Prärie zwischen Rehen und Hasen auf und besuchte die Felsenhäuser der Anasazi-Kultur im Südwesten Colorados. Er ließ Beton mit rosafarbenem Sand aus einem nahe gelegenen Bergwerk mischen und die Wände so bearbeiten, dass sie rau wie Naturstein wirkten. Die stämmigen rosafarbenen Türme rahmen den Himmel ein und verbinden die Beständigkeit des Felsens mit der Launenhaftigkeit der Wolken.

Ich konnte die Spannung sehen, die Roberts vorgeschwebt hatte: zwischen Stillstand und Wandel, zwischen dem, was ist, und dem, was sein wird. Das Mesa Lab ist ein neuen Ideen gewidmetes zeitloses Gebäude, und genau das war der Grund für meinen

Besuch: Ich beschäftigte mich mit der Kluft zwischen dem Himmel und dem menschlichen Verständnis davon, zwischen dem, was wir über die Atmosphäre wissen, und dem, was wir unmöglich wissen können, zwischen dem gegenwärtigen und dem zukünftigen Wetter.

Konkret wollte ich wissen, wie die Wettermodelle funktionierten – wie sie die Beobachtungsdaten in eine Vorhersage umwandelten. Ich hatte die meteorologische Infrastruktur in aller Welt gesehen, im Weltraum, am Himmel und in den abgelegensten Winkeln der Erde. Aber die Modelle bilden die Sonne im Mittelpunkt dieses Sonnensystems und halten sämtliche Bestandteile der Infrastruktur in ihren Umlaufbahnen. Von ihrem Datenhunger hängt es ab, wie und wo neue Wetterdaten gesammelt werden. Ihre Fähigkeit, automatisierte Vorhersagen für jeden Ort auf der Erde zu liefern, ist die Grundlage für die Wetter-Apps, die wir verwenden. Die Modelle sind die Verwirklichung von Bjerknes' Vision, die Quelle für die tägliche Wettervorhersage, der Motor der Wettermaschine.

Und die Modelle sind schwierig. Wie es ein Raketeningenieur im Jet Propulsion Laboratory ausdrückte, als ich ihm mein Projekt erklärte: Um ein Raumfahrzeug auf den Mars zu bringen, muss man mit *Hunderten* mathematischen Variablen arbeiten, aber um ein Modell der globalen Atmosphäre zu erstellen, muss man mit *Hunderttausenden* arbeiten.»Das ist kompliziert!«, sagte er.

Aber ich wollte mich nicht damit abfinden, dass sich das gesamte Vorhaben dem Verständnis entzog. Es stand zu viel auf dem Spiel. Diese Technologie ist keine neue Spielerei – kein besseres Smartphone und kein sprechender Lautsprecher –, sondern ein erdumspannendes System von wachsender Bedeutung. Es hilft, dass die Wettermodelle nicht hinter verschlossenen Türen von einem Unternehmen produziert werden, sondern das Produkt einer transparenten Zusammenarbeit zwischen Wissenschaftlern und staatlichen Einrichtungen in aller Welt sind, obwohl sich dieses System so langsam entwickelt hat, dass seine Errichtung fast unbemerkt geblieben ist.

Ein Wettermodell hat eine Anatomie, es ist klar in verschiedene logische Bestandteile unterteilt. Voraussetzung für ein Modell ist die *Beobachtung* des Wetters: Um berechnen zu können, wie das Wetter morgen sein könnte, muss das Modell wissen, wie das Wetter heute ist. Ein Modell ist auf das angewiesen, was man am einfachsten als Physik bezeichnen kann – auf eine Reihe von Gleichungen, die darstellen, wie sich die Atmosphäre entwickelt (erstmals beschrieben von Bjerknes). Und ein Modell muss diese beiden Bestandteile mit der *Berechnung* verbinden, die Lewis Fry Richardson an der Westfront vergeblich ausprobierte, die mittlerweile jedoch möglich ist und zumeist von einem Supercomputer übernommen wird. Wie die Stabilität eines dreibeinigen Schemels hängt der Erfolg jedes Modells davon ab, wie stabil diese drei Elemente sind. Wie gut sind die hereinkommenden Wetterdaten? Wie gut berechnet das Modell ihr Verhalten im Lauf der Zeit? Und wie schnell kann der Computer diese Berechnungen bewältigen?

Es gibt im Wesentlichen zwei Kategorien von Wettermodellen: experimentelle Modelle, die entwickelt werden, um bestimmte Fragen wie jene zu beantworten, wie Wolken und Regen (oder ein Wirbelsturm) entstehen, sowie operationale Modelle, die von den Wetterdiensten für die alltäglichen Vorhersagen verwendet werden. Im Mesa Lab und allgemein im National Center for Atmospheric Research werden keine Wettervorhersagen gemacht, zumindest nicht regelmäßig. Diesen Einrichtungen geht es um das Gesamtbild, um die Frage, wie die Bestandteile des Systems zusammenpassen.

Beim NCAR zählt Jeffrey Anderson zu den Wissenschaftlern, die ein besonders umfassendes Bild haben. Wir trafen uns in der Eingangshalle, an deren Wänden ausgeblichene Fotos von Blitzen und Wolken hingen. Anderson war ausgebildeter Meteorologe und Informatiker, aber sein Tätigkeitsfeld umfasste auch Softwareentwicklung, angewandte Mathematik und Statistik, wobei es ihm immer um die Verbesserung der Wettervorhersagen ging. Er war Mitte fünfzig, hatte ein schmales Gesicht und markante Augenbrauen, die mich an Abraham Lincoln erinnerten. So wie fast alle Leute in Boulder war er braungebrannt und durchtrainiert, als käme er gerade aus den Bergen. Und so wie fast alle Männer im Gebäude trug er Khakihosen und ein blaues Hemd. Walter Orr Roberts war stolz darauf gewesen, dass die Anlage des Mesa Lab ein Labyrinth war – »es gibt zwanzig verschiedene Wege, um von meinem Büro ins Chemielabor zu gelangen« –, und ich hatte Mühe, mit Anderson Schritt zu halten, als wir Leitern hinaufkletterten und über Treppen und durch Flure liefen, um zu seinem Büro in einem der Türme zu gelangen. An einer Wand stand ein Liegerad. Ich kam mir vor wie ein Student, der seinen Professor besucht – vor allem, da Anderson unverzüglich versuchte, mich von meinem Vorhaben abzubringen.

Ich war mit einer Vorstellung nach Boulder gekommen, die sich als Missverständnis erwies: Ich hatte geglaubt, Wettermodelle beruhten auf dem, was wir aus Trägheit als »Algorithmen« bezeichnen, das heißt auf Computerprogrammen, die man mit einer Art von Daten füttert, damit sie eine andere Art von Daten ausspucken. Ich hatte erwartet, die Wetterdaten aus aller Welt würden in einen Supercomputer fließen, der wie ein Fleischwolf arbeitete, um die Daten aus der Gegenwart in Vorhersagen der Zukunft umzuwandeln. Aber das war nicht ganz richtig – besser gesagt, es entsprach nicht dem, was in dem Supercomputer passierte. Und es erklärte nicht, warum die Modellierung so gut funktionierte.

»In Ihrer Darstellung gibt es eine Spannung zwischen dem Simulationsmodell und der realen Welt«, begann Anderson, der die Fingerspitzen seiner Hände zu einem Dreieck zusammengelegt hatte und sehr langsam sprach, wie Dr. Falken in »War Games«. »Aber Sie haben nicht erwähnt, was dazwischenliegt, nämlich die Datenassimilation.« Damit wollte er sagen, dass die in der Gegenwart beobachteten Wetterdaten nicht zu den Wettervorhersagen für die Zukunft *werden*. Vielmehr ist die Atmosphäre im Modell ein fortbestehender Zustand: Sie existiert andauernd, so als gäbe es in der Maschine einen Planeten. Das Wetter in der realen Welt wird im Modell »assimiliert«, um die Atmosphäre draußen in der Welt mit der simulierten Atmosphäre im Computer abzustimmen. Man könnte sagen, dass die Beobachtungen die frühere Vorhersage des Modells *korrigieren*, das wie ein Tänzer ist, der während einer Tanzvorführung neue Schritte lernt. Der ganze Prozess ist »nicht trivial«, wie es Anderson ausdrückte, aber er ist das Erfolgsgeheimnis jedes Wettermodells.

Wir können uns jeden Klick vorwärts in die Zukunft als die Hypothese eines Wettermodells vorstellen, die an der Realität getestet wird. »Die wissenschaftliche Methode besteht darin, eine Beobachtung vorherzusagen«, erklärte Anderson. Nur dass die Wettermodelle nicht auf die Gegenwart und die nahe Zukunft beschränkt sind. Sie können ihre Hypothese, ihre spezifische Berechnung des Wetters, gestützt auf das gesamte Archiv an Wetterdaten testen.

»Man kann ein neues Vorhersagewerkzeug entwickeln und an den Daten der vergangenen fünf Jahre testen. Aber dann stehen immer noch unabhängige Daten aus weiteren 55 Jahren zur Verfügung, anhand deren man sie überprüfen kann, zusätzlich zu der Tatsache, dass man, wenn man ein Jahr untätig bleibt, am Ende dieses Jahres vollkommen unabhängige Daten für ein weiteres Jahr hat.« Anderson konnte seine Begeisterung kaum zügeln. »Es ist wirklich schwierig, sich selbst zu betrügen!«

Die besten Wettermodelle sind definitionsgemäß jene, welche die Atmosphäre zu einem gegebenen Zeitpunkt und über einen bestimmten Zeitraum hinweg besonders gut simulieren. Ein Problem ist, dass die Bedingungen in einem Modell organisiert und vollkommen rational an einem vom Modellierer entwickelten Gitter ausgerichtet dargestellt werden, während die von den Instrumenten gemessenen Bedingungen in der Realität an einem bestimmten Ort auftreten. Die Wetterwarte in Utsira befindet sich an einem bestimmten Ort (wo sie seit Langem ist), und ihr Standort wird sich nie ändern, um ihn der Datenstruktur im Computer anzupassen. Dazu kommt, dass es vieles gibt, was wir über das gegenwärtige Wetter nicht wissen. Es gibt Orte, an denen keine Daten gesammelt werden, und es gibt Orte, an denen falsche Daten gesammelt werden. Das Beobachtungssystem mag riesig sein, aber es ist nicht vollkommen. Das Schöne an einer guten Datenassimilation ist, dass sie das Modell in die Lage versetzt, einen Mangel an Beobachtungsdaten an bestimmten Orten zu kompensieren. Sie stellt einen Ausgleich zwischen gut beobachteten und weniger gut beobachteten Gebieten her. Das überraschende Ergebnis dieser Diskrepanz zwischen Modellraum und realem Raum ist, dass das Modell in gewisser Weise detaillierter ist als die Realität – zumindest detaillierter als die beobachtete Realität.

Andersons Erklärungen änderten meine Vorstellung von den Wettermodellen. Anstatt ein Fleischwolf zu sein, der das Wetter der Gegenwart in das Wetter der Zukunft ummodelt (ein unidirektionaler Prozess), stellte ich mir jetzt zwei Planeten vor, die sich nebeneinander drehten. Ich sah die wirkliche Erde, den Planeten, auf dem wir leben, das Bild, das wir uns bei unseren Ausflügen in den Weltraum gemacht hatten. Und ich sah die Modellerde mit ihrer von Wolken und Stürmen gefüllten simulierten Atmosphäre, die zusätzlich die Fähigkeit besaß, in die Zukunft vorzuspulen. Das Geheimnis des guten Wettermodells ist, dass es in der Lage ist, die beiden Welten miteinander in Einklang zu bringen.

Nullschool, eine beliebte Website, die von einem ehemaligen Microsoft-Ingenieur namens Cameron Beccario ins Leben gerufen wurde, veranschaulicht das sehr gut. Auf der Website finden wir eine schöne Darstellung der Winde, die um die vertraute blaue Murmel wirbeln. Aber es wäre nicht vollkommen korrekt, dies als eine visuelle Darstellung der gemessenen Winde zu bezeichnen: Stattdessen handelt es sich um eine visuelle Darstellung der Winde, die von den Modellen ausgespuckt werden. Die Tatsache, dass wir Beobachtungen und Modelle miteinander verschmelzen, ist ein Beleg dafür, wie gut die Modelle mittlerweile sind.

Aber der Trick der Modelle, die simulierte Atmosphäre mit der realen abzustimmen, ist »vervollkommnungsunfähig«. Das klingt nicht gut, aber es schließt nicht aus, dass die Modelle unablässig besser werden. Unserer Fähigkeit, die Atmosphäre zu messen, sind keine Grenzen gesetzt: Es können immer noch mehr Daten gesammelt werden. Wir werden nie zu einem vollkommenen Verständnis des Verhaltens der Atmosphäre gelangen, uns ihm aber mit steigender Rechenleistung immer weiter annähern.

Wenn wir über Verbesserungen der Wettermodelle nachdenken, ist die Versuchung groß, dem einen oder anderen Bestandteil des Systems den Vorzug zu geben: Wenn wir nur dank besserer Beobachtungsdaten ein perfektes Bild der Atmosphäre hätten! Wenn wir nur besser verstünden, wie das Wetter »funktioniert«! Wenn wir nur den schnellsten denkbaren Computer hätten! – Aber die besten Modellierer wissen, dass der Schemel immer auf drei stabilen Beinen ruhen muss: auf Beobachtung, Physik und Informatik. Der Supercomputer kann nichts ausrichten ohne Physik zur Beschreibung der Berechnungen. Die Berechnungen sind nutzlos ohne den Strom von Beobachtungsdaten. Die Datenmenge kann nicht bewältigt werden ohne einen Computer, der sie auswerten kann. Jede Verbesserung der Wettermodelle (und noch viel mehr ihr Verständnis) erfordert, dass alle drei Bestandteile bewältigt werden.

Wettermodelle sind kompliziert, aber sie sind zweifellos nützlich. »Es gibt zahlreiche Arbeitsfelder, in denen Simulationen durchgeführt, aber keine Vorhersagen gemacht werden, und es gibt zahlreiche Arbeitsfelder, in denen Beobachtungen gemacht, aber keine Vorhersagen angestellt werden«, erklärte Anderson. Auf dem Gebiet der Wettervorhersage hingegen »muss man die Beobachtungsergebnisse und Simulationen zusammensetzen, denn die Leute wollen wirklich wissen, wie das Wetter morgen sein wird, und zwar jeden Tag.«

Das ist der Unterschied zwischen Wettermodellen und anderen Vorhersagen wie etwa jenen für Wahlen oder Sportereignisse. Die Wettersimulationen sind allgegenwärtig, was sie von allen anderen unterscheidet. Die Wissenschaftler können sie nicht nur unablässig abwandeln, sondern die Öffentlichkeit hat einen unstillbaren Appetit auf Verbesserungen. Wir sehen uns täglich die Vorhersage an und prüfen ihre Genauigkeit instinktiv, indem wir den Reißverschluss unserer Jacke hochziehen oder Regentropfen von unserer Brille wischen. Das Morgen verwandelt sich in das Heute, und wir wissen sofort, ob die Vorhersage richtig oder falsch ist. Und je besser die Vorhersagen werden, desto mehr interessieren wir uns dafür.

Von dem Berggipfel in Boulder aus betrachtet, ist leicht zu sehen, welchen Nutzen die wachsende Nachfrage hat. »Die Geschichte der numerischen Wettervorhersage ist eine Geschichte der kontinuierlichen Verbesserung, die vor sechzig Jahren begann«, erklärte mir Anderson. »Die Vorhersagen werden immer besser, und es gibt keinen Grund für die Annahme, daran könnte sich etwas ändern.«

Und nirgendwo war eine deutlichere und kontinuierlichere Verbesserung der Wettermodelle zu beobachten als auf einem weiteren Hügel, der sich im englischen Reading erhebt.

# 8

# Euro

Die Bushaltestelle trug die Bezeichnung Weather Centre. Ich zwängte mich an Schulkindern mit bunten Rucksäcken vorbei und stieg aus. Ich stand vor einem Gebäudekomplex, der wie ein Botschaftsgelände von einem massiven Stahlzaun umgeben war. Es war ein kalter und nebliger Tag. Bei einem nicht besetzten Torhaus drückte ich auf den Knopf der Sprechanlage und schaute in die Kamera. Mit einem Klick sprang das Tor auf. Ich ging eine lange, gewundene Auffahrt hinauf zum Hauptgebäude, wo an hohen Masten die Flaggen der 22 Mitgliedstaaten des Europäischen Zentrums für mittelfristige Wettervorhersage (EZMW) hingen.[96]

Als sich Lewis Fry Richardson mit der Frage beschäftigte, was erforderlich wäre, um das Wetter zu berechnen, stellte er sich ein großes Stadion vor, in dem 64 000 Menschen simultan die von ihm entwickelten Gleichungen lösen würden, um das Wetter der Gegenwart in die Zukunft zu transportieren. In seiner Fantasie war diese Vorhersagefabrik von Sportfeldern, Bergen und Seen umgeben, »damit jene, die das Wetter berechnen, es auch genießen können«.

Das EZMW, das seinen Sitz in Reading in der englischen Grafschaft Berkshire hat, ist in einem sehr praktischen Sinn die

Inkarnation dieses Traums: eine Vorhersagefabrik, welche die Welt mit genauen Prognosen versorgt, und zwar »schneller, als das Wetter vorrückt«. Anstelle von Richardsons 64 000 menschlichen Rechnern findet man dort zwei Cray-Supercomputer, deren massive Rechnerschränke wie Bibliotheksregale zwei Räume füllen, die jeweils die Grundfläche eines Volleyballfelds haben. Sie zählen zu den schnellsten Supercomputern der Welt und werden alle zwei Jahre nachgerüstet, damit es auch so bleibt. Zum Zeitpunkt meines Besuchs hatten sie 260 000 Prozessorkerne, die 90 Billionen Rechnungen pro Sekunde bewältigen konnten, und wogen zusammen mehr als 100 Tonnen. Sie verarbeiteten täglich 40 Millionen Beobachtungsdaten und hatten eine Rechenleistung von 90 Teraflops. Die Rechnerschränke waren wie eine Starbucks-Wand mit Illustrationen europäischer Monumente bedruckt.

All diese Kennzahlen werden sich mit Sicherheit geändert haben, wenn Sie diese Zeilen lesen. Was sich nicht ändern wird, ist die Grundlage des Erfolgs des EZMW: die Art und Weise, wie die »Rechenzeit« der Computer genutzt wird. Das Zentrum wendet die Hälfte seiner Computerressourcen für die Forschung auf, was den Wissenschaftlern die Möglichkeit gibt, komplexe Experimente durchzuführen. Sie können sich eine neue Methode ausdenken, um einen Bestandteil des Verhaltens der Atmosphäre zu berechnen, und diese Methode in einem Modell ausprobieren, um herauszufinden, ob sie tatsächlich besser funktioniert, und das Ergebnis ist so sicher wie der Himmel des nächsten Tages.

Die wissenschaftlichen Mitarbeiter, die oft von europäischen Wetterdiensten für einige Jahre nach Reading geschickt werden, sind sich der Vorteile dieser Arbeitsweise vollkommen bewusst. Sie können Änderungen an ihrem Teil des Programmcodes testen und auf die Rechenleistung zurückgreifen, die benötigt wird, um das Modell mit ihrer geringfügig abgewandelten Version der numerischen Atmosphäre zu füttern.

So wie es zwei Hauptkategorien von Wettermodellen gibt – experimentelle und operationale –, gibt es auch zwei grundlegende Maßstäbe für die Modelle: regional und global. Modelle, die für eine bestimmte Region verwendet werden, können Elemente wie Wolkenstrukturen genauer simulieren, was oft bessere Niederschlagsprognosen ermöglicht. Da sie weniger Daten verarbeiten müssen, können regionale Modelle häufiger aktualisiert werden, in vielen Fällen stündlich. Sie können auch kürzere Prognosezeiträume verarbeiten und die Entwicklung des Wetters in Abständen von fünfzehn (und seit Neuestem noch weniger) Minuten vorhersagen.

Wie bei der altmodischen Papierkarte hat es Vorteile, einen kleineren Teil der Erde genauer zu betrachten, aber wie bei einer Karte kann ein Übermaß an Details unübersichtlich werden. Für hochauflösende Modelle wird mehr Rechenleistung benötigt, was teuer ist. Und bei Vorhersagen, die weiter in die Zukunft reichen, hat die kurzfristige Präzision einen schwindenden Nutzen, was die Genauigkeit anbelangt. Es kommt zu einer Akkumulation geringfügiger Abweichungen, was dazu führt, dass die Vorhersage chaotisch wird.

Im Gegensatz dazu ermöglichen globale Modelle eine räumliche und zeitliche Ausweitung der Vorhersagen. Sie sind die Schwergewichte der Meteorologie und schieben die Grenzen der Genauigkeit für längerfristige Vorhersagen immer weiter hinaus.

Wenn es um die Frage geht, welches Wettermodell das beste ist, gibt es eigentlich keinen Grund, um den heißen Brei herumzureden. Der unangefochtene Spitzenreiter ist gegenwärtig das globale Flaggschiffmodell des EZMW, das offiziell als Integrated Forecasting System (IFS) bezeichnet wird, im Alltag aber (vor allem von den Amerikanern) nur »Euro« genannt wird. Im von der internationalen Expertengemeinschaft aufmerksam verfolgten Wettlauf der »Modellfähigkeiten« hat Euro die Nase vorn.

Verglichen mit den anderen globalen Wettermodellen – darunter jene des britischen Met Office und des National Weather Service der USA – erlaubt Euro die genauesten Vorhersagen über den längsten Zeitraum hinweg (obwohl der Vorsprung manchmal nur gering ist). Euro ist auch das Modell, das am häufigsten und am umfangreichsten verbessert wird. Ein von den Modellierern häufig verwendeter statistischer Maßstab (der für all jene unter uns, die häufig ihren Regenschirm zu Hause vergessen, jedoch wenig Sinn hat) wird als »Anomalie-Korrelation bei 500 Hektopascal« bezeichnet. Gemessen an diesem esoterischen Maßstab steigt die Kurve der EZMW-Ergebnisse wie ein Flugzeug, das auf seine Reisehöhe klettert – nur dass sie noch nicht dort ist. Sie steigt immer noch, und das tut sie mittlerweile seit zwei Jahrzehnten.

Die Idee für das gemeinsame europäische Zentrum tauchte Ende der Sechzigerjahre parallel zu der einer europäischen Union auf.[97] Eine Handvoll europäischer Länder, die ihre Position gegenüber den beiden Supermächten stärken wollten, leiteten einen diplomatischen Prozess ein, der den langfristigen Wohlstand Europas garantieren sollte, und versuchten herauszufinden, wie sie sich in Wissenschaft und Technik gemeinsam weiterentwickeln konnten.

Die Vorhaben in ihrer ersten Liste möglicher Betätigungsfelder waren dezidiert friedlich, höflich und international, wie eine Liste von Beschwerden, die in einem Olympischen Dorf im Flur aufgehängt wird. Unter den europaweiten Problemen, die in Angriff genommen werden sollten, waren »Sprachübersetzung«, »Lärmbelästigung« und »Abfallentsorgung«. In der Kategorie »Wissenschaftliche und technologische Forschung« wurden zwei Probleme ins Auge gefasst, nämlich »längerfristige Wettervorhersagen« und »Beeinflussung des Wetters«.

Vom Vorhaben der zu jener Zeit sehr populären »Beeinflussung« wurde Abstand genommen, weil sie undurchführbar war; wir können das Wetter weiterhin nicht beeinflussen (zumindest nicht gezielt). Die längerfristigen Vorhersagen hingegen schienen ein erfolgversprechendes Vorhaben zu sein.

Mit Blick auf die europäische Einigung sprach vieles für die Meteorologie. Die Wetterforscher waren an die internationale Zusammenarbeit gewöhnt, denn es war ihnen seit Langem klar, dass die Atmosphäre eine Einheit war. Für die Wettervorhersage durch Berechnung brauchte man große Rechenleistung, deren Kosten und Ausmaß die Budgets insbesondere der Wetterdienste kleiner Länder sprengten. Und die Meteorologie war politisch ungefährlich: Es drohte kein blamabler Fehlschlag, sondern schlimmstenfalls ein geringer Fortschritt, aber jede Verbesserung der Wettervorhersagen konnte als Erfolg verkauft werden. Man einigte sich drauf, sich auf die mittelfristigen Vorhersagen zu konzentrieren und die kurzfristigen Prognosen den nationalen Wetterdiensten zu überlassen, während die langfristigen in die Zukunft verschoben wurden.

Das EZMW wurde als unabhängige, von den Mitgliedstaaten zu finanzierende Einrichtung gegründet, die ein eigenes Führungsgremium haben und sich vollkommen auf ihre Mission der »mittelfristigen« Vorhersage konzentrieren sollte, das heißt auf Vorhersagen für einen Zeitraum von drei bis fünf Tagen. (Aufgrund des Erfolgs wurde die Definition des mittelfristigen Zeitraums mittlerweile ausgeweitet.) Der Supercomputer sollte der größte sein, der weltweit verfügbar war. Die besten Meteorologen der nationalen Wetterdienste sollten durch das Zentrum geschleust werden, und die Zusammenarbeit würde Ergebnisse ermöglichen, von denen die einzelnen Wetterdienste nur träumen konnten. Das zumindest war die Vision – und sie wurde tatsächlich verwirklicht.

Das Europäische Zentrum für Mittelfristige Wettervorhersagen nahm die Einrichtung in Reading im Jahr 1979 in Betrieb. Mit dem britischen Staat war ein auf 999 Jahre befristeter Pachtvertrag für das Grundstück abgeschlossen worden, der eine amüsante Bestimmung beinhaltete, die besagte, das Gebäude sei am Ende dieses Zeitraums »im Originalzustand« zurückzugeben. Am Tag der Eröffnung überreichten die Meteorologen dem britischen Thronfolger Prinz Charles feierlich eine Vorhersage für das Pferderennen in Ascot, die sich als im Wesentlichen richtig erwies.[98]

Zu jener Zeit galt eine langfristigste Vorhersage, die die Tinte des Matrixdruckers wert war, der sie ausspuckte, für einen Zeitraum von etwa drei Tagen. Bis 2005 war das Modell des EZMW so ausgereift, dass es eine gute Vorhersage für fünf Tage lieferte, das heißt eine Prognose, die den tatsächlichen Temperaturen näherkam als die historischen Durchschnittswerte für den jeweiligen Zeitpunkt. Man könnte eine Vorhersage anhand der historischen Durchschnittswerte erstellen, aber das Ziel ist es, immer besser zu sein als das. Bis 2015 war es den Wissenschaftlern des EZMW gelungen, der Zukunft einen weiteren Tag abzuringen, was bedeutete, dass die sechstägige Vorhersage nun so gut war wie die zweitägige im Jahr 1975.[99]

An diesem Punkt wurde ein anspruchsvolleres Ziel formuliert: Bis 2025 will das EZMW ein Modell entwickeln, das in der Lage sein soll, wichtige Wetterereignisse zwei Wochen im Voraus anzukündigen. (Den Hurrikan Sandy konnte das Zentrum acht Tage im Voraus prognostizieren.) Das ist das wirklich Bemerkenswerte an dieser Einrichtung: Das EZMW hat nicht nur das beste globale Wettermodell der Welt, sondern dieses Modell wird seit vierzig Jahren kontinuierlich verbessert.

»Es ist verblüffend, wie dieses Exzellenzkonzept funktioniert«, eröffnete mir Florence Rabier, die Leiterin der Vorhersageabteilung, die kurze Zeit später zur ersten Generaldirektorin in der Geschichte des EZMW befördert werden sollte. »Die Leute kommen hierher, weil sie im besten meteorologischen Zentrum der Welt arbeiten wollen, und sie wollen diese Position nicht einbüßen. Sobald die Leistung ein wenig nachlässt oder eine andere Einrichtung bei irgendeinem Parameter mit uns gleichzieht, werden sie alle ärgerlich. Eigentlich sollte ich ärgerlich werden, denn ich bin für die Qualität der Vorhersage verantwortlich. Aber tatsächlich übernimmt jeder Wissenschaftler, der an einem individuellen Stück des Programmcodes arbeitet, die Verantwortung. Die Leute sind unglaublich motiviert.«

Rabier selbst war stets solch eine motivierte Wissenschaftlerin. Sie wechselte im Jahr 1996 vom französischen Wetterdienst Météo-France ins Zentrum in Reading, um dort ihre neuartige Datenassimilationstechnik 4dVar anzuwenden. Diese Technik, die ursprünglich Teil ihrer Forschungsarbeit für die Dissertation war, trägt mittlerweile wesentlich zur Überlegenheit des europäischen Modells bei.

Wir saßen beim Mittagessen – Brathuhn, Reis und Salat – in der geschäftigen Cafeteria. Speisen von gehobenem Niveau sind mittlerweile ein Klischee in der Welt der Technologie, aber diese Cafeteria war stets der Dreh- und Angelpunkt des Zentrums. Der langgezogene, schmale Raum war mit aneinandergereihten rechteckigen Tischen gefüllt, und die Gäste schienen wie Passagiere in einem Rettungsboot einen Platz nach dem anderen zu besetzten. Die Wissenschaftler waren jung. Norweger, Franzosen, Serben, Italiener, Iren, alle ähnlich gekleidet, aber von unterschiedlichem Aussehen: Männer und Frauen, hoch aufgeschossene Skandinavier und marokkanische Brillenträger, Blonde und Dunkelhäutige, alle in der Akademikeruniform – Jeans und braune Schuhe –, die Frauen in Pullovern und die Männer in Pullovern über Anzughemden. Viele waren von ihren nationalen Wetterdiensten entsandt worden und absolvierten mehrjährige Forschungsaufenthalte. Rabier hob sich von der Menge ab, denn ihr schulterlanges kastanienbraunes Haar fiel auf ein Anzugsakko, mit dem sie wirkte wie der Chef.

Diese Leute waren die Autoren des Algorithmus. Die Personen, die durch diesen Raum geschleust wurden, waren die Einzigen auf der Welt, für die das Modell des EZMW kein Geheimnis war. Sie waren diejenigen, die dieses Modell gestützt auf die besten Forschungsergebnisse aus aller Welt mühsam zusammengesetzt und verbessert hatten. Das bedeutete jedoch, dass sie das Wetter nicht täglich vorhersagten, sondern Monat für Monat und Jahr für Jahr an der Verbesserung des Programms arbeiteten, das die Vorhersagen lieferte.

Am Morgen hatte in der Cafeteria hektisches Treiben geherrscht. Mittags hatte dort hektisches Treiben geherrscht. Und am Nachmittag, als die tiefstehende Wintersonne durch die großen Fenster in den Saal fiel, herrschte erneut hektisches Treiben in der Cafeteria. Es gab dort zwei Automaten, die ausgezeichneten Kaffee

brühten: Der eine lieferte Fair-Trade-Filterkaffee, der andere
einen starken Espresso. Ich nahm eine Porzellantasse aus dem
Regal und stellte mich am Ende der Schlange an, die sich vor den
Kaffeeautomaten gebildet hatte. Die Wissenschaftler füllten ihre
Tassen und kehrten zu ihren Tischen zurück, wo sie sich wie
Kadetten in der Mensa drängten. Es gab nicht einen einzigen
freien Platz und nicht eine Nische der Stille.

Der ursprüngliche Beweggrund für die Gründung des Zentrums war einfach gewesen, gemeinsam einen Supercomputer zu
nutzen und Wetterdaten auszutauschen, aber der internationale
Geist hatte offenkundig eine dauerhafte Ambition hervorge-
bracht:»Wir wollen die Besten sein«, sagte Rabier. Ich antwortete,
das seien sie doch bereits, aber sie war nicht einverstanden.»Nun
ja, die Vorhersage für Tag Sieben ist heute so gut wie die Vorhersage für Tag Fünf vor zwanzig Jahren«, erwiderte sie.»Aber sie ist
immer noch nicht so gut wie die Vorhersage für Tag Eins. Wir
schieben die Grenze immer weiter hinaus, wir wollen immer
mehr. Wir denken in jedem Augenblick: In Ordnung, es wird besser, aber es ist nicht perfekt.« Sie zuckte mit den Schultern.»Es
wird nie perfekt sein.« Sie sah ihre Aufgabe darin, dafür zu sorgen,
dass die für Verbesserungen erforderliche bürokratische Infrastruktur funktionierte.

Abgesehen von den Kaffeeautomaten wurde die Zusammenarbeit zwischen den Wissenschaftlern sorgfältig geplant: Die Wissenschaftler aus den Vorhersage- und Forschungsabteilungen
verglichen die Leistungsfähigkeit des Modells unablässig mit seinen Möglichkeiten.

Was machte das Modell besser?»Es ist immer eine Mischung«,
erklärte Rabiers Kollege Peter Bauer, der Leiter der Modellent-
wicklungsabteilung. Er war ein fast fünfzigjähriger, hoch aufge-

schossener, schlanker Deutscher, der eine große Taucharmband-
uhr, ein eng anliegendes schwarzes Hemd und schwarze Jeans
trug. »Die Leute neigen zur Vereinfachung und denken: ›Wenn
wir nur das perfekte Beobachtungsnetz hätten‹ oder ›Wenn wir
nur das perfekte Modell hätten‹. Aber man muss an allen Fronten
gleichzeitig arbeiten.«

Die Raumfahrtbehörden wie EUMETSAT, erklärte er, suchten stets nach Begründungen für die Notwendigkeit zusätzlicher
Observatorien und wollten Millionen, wenn nicht Milliarden in
neue Satelliten investieren. »Aber manchmal – nicht immer, aber
manchmal – entsteht der Engpass gar nicht durch einen Mangel
an Beobachtungsdaten.« Die Verbesserung des Modells wird
ebenso oft dadurch verhindert, dass es nicht möglich ist, die
bereits gesammelten Daten richtig zu assimilieren und der Welt
im Innern des Modells anzupassen. Je weiter die Wissenschaftler
die Datenassimilation verbessern können, desto mehr brauchbare Information können sie aus den Beobachtungsdaten gewinnen. Je besser die Datenassimilation, desto weniger Korrekturen
muss das Modell vornehmen.

Aber dieser Prozess kann langwierig sein. Das EZMW speiste
jedes Jahr durchschnittlich Beobachtungsdaten von zehn neuen
Instrumenten – nicht Satelliten – in das Modell ein. Im Jahr 2013
waren Daten von insgesamt fünfzig Instrumenten assimiliert. Bis
2018 stieg diese Zahl auf neunzig.

Die Komplexität war verblüffend. Die Liste der Herausforderungen, die bei der Entwicklung von Modellen zu bewältigen
waren, schien unendlich: Man brauchte mehr und bessere Beobachtungsdaten, man musste die Daten besser und effizienter nutzen, die Kalibrierung musste verfeinert, Auflösung und Qualität
mussten erhöht werden, man brauchte schnellere Computer und

häufigere Outputs. Man konnte sich nie auf eine Modifikation in einem Bereich beschränken.

Jedes Mal, wenn ich glaubte, begriffen zu haben, wie die Wettervorhersage funktionierte, erfuhr ich, dass noch eine weitere Ebene zu berücksichtigen war.

Beispielsweise ist ein Modell, das die verfügbaren Beobachtungsdaten bestmöglich nutzen kann, ein wichtiger erster Schritt auf dem Weg zu guten Vorhersagen. Aber zu den wichtigsten Forschungsgebieten des Modellierers zählt das Verhalten der Atmosphäre *zwischen* den beobachtbaren Datenpunkten. In der Erdatmosphäre geschehen Dinge, die vom Modell »fundamental nicht gelöst werden«, wie Bauer es ausdrückte. Dies sind physikalische Prozesse, deren Verhalten »parametrisiert« ist, wie es in der Sprache der Modellentwicklung heißt. Das bedeutet, dass sie nicht anhand eines Werts an einem bestimmten Punkt, sondern anhand der Durchschnittswerte in einer Gitterzelle berechnet werden. Heutige Modelle beinhalten eine Vielzahl verschiedener »Parametrisierungen«, die das Verhalten der Atmosphäre in einem kleineren Maßstab als dem Basisgitter des Modells definieren, das seinerseits mit steigender Rechenleistung der Computer alle paar Jahre engmaschiger wird.

Im EZMW haben diese als »Schemata« bezeichneten Parametrisierungen eine menschliche Komponente. Für jedes einzelne Schema ist im Wesentlichen eine einzige Person zuständig, deren Aufgabe es ist, die Fähigkeit des Schemas zur Vorhersage der Entwicklung des Wetters (oder eines Aspekts des Wetters) zu verbessern. Ein Wissenschaftler beschäftigt sich mit der Strahlung, ein anderer mit den Wolken: Es gibt vertikale Luftströmungen und Turbulenzen – sowohl in der »freien Atmosphäre«, das heißt in großer Höhe, als auch in der Peplosphäre nahe der Erdoberfläche. Aber wenn ich »arbeiten« sagte, meine ich eigentlich »verbessern«. Die Wissenschaftler am EZMW verfeinern das Modell unablässig, wobei sie neue Methoden testen, um festzustellen, was dem Verhalten der Atmosphäre am ehesten gerecht wird. Der Prozess ist zugleich iterativ und experimentell.

»Die Leute werden hier sehr schnell effizient, und sie sind zufrieden mit den Ergebnissen«, erklärte Bauer. »Sie sagen: ›Ich mache Experimente mit dem EZMW-Modell und teste meine kleine wissenschaftliche Veränderung – und das nach zwei Wochen!‹« Das ist eine sehr konkrete Motivation für einen Wissenschaftler, der die Erdatmosphäre studiert. »Natürlich ist es schön, eine wissenschaftliche Arbeit zu veröffentlichen«, sagte Bauer scherzhaft, »aber es ist wirklich sehr befriedigend, etwas in einem operationalen Kontext wie diesem tun zu können.«

Man sollte meinen, diese Strategie läge auf der Hand, aber beim amerikanischen Gegenstück zum EZMW, dem NOAA-Zentrum für Wetter- und Klimavorhersage, hatte ich wenige Monate früher gesehen, wie schwierig es sein kann, eine Struktur zu schaffen, mit der neue Ideen am Modell getestet werden können. Eine Gruppe von Wissenschaftlern, die an einem NOAA-Workshop für Modellentwicklung teilnahmen, hatte eine einfache Bitte an die Herren des Modells: Die Forscher wollten sich »den Code ansehen«, wie ein Buch in der Bibliothek, um herauszufinden, ob es eine Möglichkeit gab, ihn produktiv zu modifizieren. Aber selbst das – der erste Schritt auf dem Weg zu Experimenten mit möglichen Verbesserungen des Modells – löste eine lange Diskussion über die technischen Hürden aus, darunter die der Wahrung der Systemsicherheit dienende Erfordernis, dass man zum Einloggen eine feste IP-Adresse brauchte (was beim typischen privaten Internetanschluss nicht der Fall ist).

Jeder Versuch, ohne festgelegte Methode Modifikationen am Arbeitsmodell auszuprobieren, war so, als versuchte man herauszufinden, wie man die Reifen an einem Sattelzug wechseln konnte, ohne am Straßenrand zu halten. Die Wissenschaftler mussten sich bei der Arbeit an Verbesserungen auf experimentelle Modelle beschränken, was es erschwerte, Verbesserungen auf das operationale Modell anzuwenden. (Es war ihnen übrigens auch verboten, für das Catering bei Arbeitssitzungen öffentliche Gelder zu verwenden – also kein Mittagessen.)

Das Europäische Zentrum für mittelfristige Wettervorhersage ist in einem modernistischen, in zurückhaltendem Beige gehaltenen Gebäudekomplex untergebracht, der fast in Hörweite der Autobahn M4 rund um einen begrünten Hof angeordnet ist. In der Mitte des Hofs sitzen Gummientchen in einem Brunnen ohne Wasser. Es sind verschiedenste Sorten von Entchen: Manche tragen die Nationaltracht eines europäischen Landes, andere das Logo eines multinationalen Konzerns. Ich entdeckte ein Fußballtrikot und einen Sigmund Freud. Anfangs dachte ich, hier sei eine lustige Tradition aus dem Ruder gelaufen. Man konnte mittlerweile an der Rezeption ein EZMW-Gummientchen kaufen. Aber im Lauf der Zeit wurde mir klar, dass es auch ein Ausdruck des Geistes war, der an diesem Ort herrschte: offen, gastfreundlich, international, zugänglich für neue Ideen, ein wenig rastlos.

Wenn man das Gebäude durch den Haupteingang betritt, erreicht man durch einen Gang, der die Cafeteria mit dem Supercomputer verbindet, den Wetterraum. Jahrelang war er wie der Gemeinschaftsraum eines Oxfordcolleges eingerichtet: zu Sitzgruppen angeordnete Sessel, Bücher, Zeitschriften. Aber vor Kurzem war der Raum renoviert und durch eine fünfeinhalb mal zwei Meter große Bildschirmwand ergänzt worden, die laufend die neuesten Ergebnisse des Modells in Form von Karten anzeigte. An jedem Wochentag hatte ein Analyst die Aufgabe, die Bildschirme zu beobachten, nach extremen Wetterereignissen, ungewöhnlichen Merkmalen der (simulierten) Atmosphäre oder großen Unterschieden zwischen dem EZMW-Modell und denen anderer Wetterdienste Ausschau zu halten. »Schauen Sie, da haben wir zum Beispiel ein paar sonderbare Wellen«, sagte Rabier. »Ist das realistisch oder nur ein Rauschen im Modell?« In der Woche, in der ich dort war, war Tim Hewson für die Analysen zuständig, ein massiger Mann Mitte vierzig, der an einen Rugbyspieler erinnerte. Er war erst seit Kurzem im Zentrum. Er hatte seine bisherige Laufbahn beim britischen Met Office verbracht, wo er zuletzt die Vorhersageabteilung geleitet hatte.

In einem vom Wetter besessenen Land wie Großbritannien war der Chefprognostiker des nationalen Wetterdienstes fast so etwas wie ein nationaler Poet Laureate. Es gab viele anerkannte Experten, aber Hewsons Sachkenntnis war von höchster Instanz bestätigt. Es war ein Beleg für das Prestige des EZMW und für die Bedeutung seiner Aufgabe, dass ihn sein nächster Karriereschritt hierhergeführt hatte – und er betrieb nicht einmal Prognostik im herkömmlichen Sinn, sondern nutzte seine Erfahrung, um die Ergebnisse des Modells zu verbessern.

Im Alltagsbetrieb des Zentrums hatte er keinen Einfluss auf die Vorhersagen, die veröffentlicht wurden. Seine Funktion war eher der eines Trainers vergleichbar, der die Leistungsdaten eines Spitzensportlers beobachtet und nach neuen Wegen sucht, um seine Ergebnisse zu verbessern. Was tat das Modell? Wie verhielt sich das Wetter? Hewsons Hauptaufgabe bestand darin, die Lücken zwischen Modell und Realität zu analysieren, damit die gegenwärtige und zukünftige Welt im Modell besser mit der realen Welt in Einklang gebracht werden konnte.

Hewson wurde von allen Seiten mit Zweitgutachten überhäuft, und genauso war es gedacht: Er war diese Woche in einem verglasten Büro stationiert, das eher eine Kabine war, ausgestattet mit einem Schreibtischsessel und einigen Computerbildschirmen. Dies war ein Ort, an dem sich lauter Wetterliebhaber trafen, und die Wissenschaftler schauten oft im Wetterraum vorbei, um einen Blick auf die großen Karten auf den Bildschirmen zu werfen oder sich mit einem Kollegen an einem der kleinen Kaffeetische, auf denen Satellitenbroschüren lagen, zu einem Gespräch niederzulassen.

Hewson lief zwischen seiner Arbeitsstation und den großen Bildschirmen an der Wand hin und her, blieb eine Weile stehen, kratzte sich nachdenklich am Kinn, machte sich Notizen auf einem weißen Block und hörte sich die Meinung von jedermann an, der sich ihm mitteilen wollte. Jeden Tag stellte er einen Bericht in das interne Wiki des Zentrums. Jedermann war eingeladen, seine Analyse zu kommentieren. Am Freitag wurden die Erkenntnisse der Woche in einer offenen Versammlung diskutiert.

Einmal im Quartal veranstaltete das Zentrum eine größere Sitzung, in der neue Erkenntnisse diskutiert und Anregungen gemacht werden konnten. Die Bezeichnung dieser Versammlung ist FD/RD, wobei FD für die Vorhersageabteilung (Forecasting Division) und RD für die Forschungsabteilung (Research Division) steht; gemeinsam stellen diese Abteilungen fast die gesamte Belegschaft des Zentrums. Ich hatte meinen Besuch so geplant, dass ich an der letzten Sitzung des Jahres teilnehmen konnte. Das schien mir eine gute Gelegenheit zu sein, um mir anzusehen, wie die Wissenschaftler das Modell in der Praxis verbesserten.

Welche Fragen würden sie einander stellen, welche Antworten würden sie geben? Ein wichtiges Thema war ein Upgrade des britischen Met Office, das seinen Sitz zwei Autostunden entfernt in Exeter hatte, womit es nah genug war, um die Überlegenheit des EZMW zu spüren, was man als Ansporn bezeichnen könnte. »Ich bin sicher, dass alle dieselbe Frage haben: Holen sie uns ein?«, sagte Rabier. »Es tut mir leid, aber wir sind nicht kompetitiv: Wir sind *sehr* kompetitiv.«

Man konnte sich diesen Ort leicht als Teilnehmer an einem *Top-Gun*-Wettbewerb vorstellen: Beim EZMW waren sie die Besten der Besten. Dort hatten sie die besten Wissenschaftler, den leistungsfähigsten Supercomputer, und nirgendwo wurde die Arbeit zielorientierter und entschlossener vorangetrieben. Aber diese Vorzüge überdeckten zwei Tatsachen: Erstens waren die Unterschiede zwischen den wichtigsten globalen Wettermodellen im Alltag sehr gering, obwohl es Gelegenheiten gab (ein Beispiel war Sandy), bei denen eines der Modelle – normalerweise das des EZMW – früher als die anderen die richtige Prognose lieferte. Bedeutsamer war die Strategie, auf der die Identität des Zentrums beruhte, die Denkart dieser Einrichtung, die vollkommen vom zentralen Antriebsfaktor von Wettermodellen durchdrungen war: Das EZMW hatte das beste Wettermodell der Welt, weil sein Modell unentwegt verbessert wurde.

Am nächsten Morgen suchte ich mir einen Platz im Vortragssaal, der sich genau über der Cafeteria befindet. Das Programm war zweigeteilt: Zunächst würde die Vorhersageabteilung Auskunft über die allgemeine Entwicklung des Modells einschließlich seiner »Schlagzeilen-Performance« geben und auswerten, wie interessante Wetterereignisse in jüngster Zeit bewältigt worden waren.

Der Nachmittag würde den kommenden Entwicklungen gewidmet sein – und dem, was danach kommen sollte. Der Boden unter den Füßen dieser Leute war ständig in Bewegung. Da alle ihre Konkurrenten ständig besser wurden, beschäftigten sie sich mit zwei Arten von Verbesserungen: Das Zentrum musste seine Vorhersagen verbessern (was fast alle derartigen Einrichtungen Jahr für Jahr tun), und es musste bessere Vorhersagen liefern als alle Konkurrenten. Wenn die Anomalie-Scores des Modells – ein Maßstab dafür, wie genau das Modell arbeitete – auf dem großen Bildschirm im Vortragssaal eingeblendet wurden, stieß ein Wissenschaftler in der Sitzreihe hinter mir ein »Yeah!« aus wie ein Aktienhändler, der auf das richtige Papier gesetzt hat. Nein, der britische Wetterdienst hatte nicht aufgeholt. »Der Vorsprung ist weiterhin deutlich«, versicherte Thomas Heiden, ein Wissenschaftler aus Österreich, seinen Kollegen. »Wenn man bedenkt, dass wir seit einem Jahr keinen Zykluswechsel gehabt haben, sieht es immer noch gut aus.« Ich sah viele zustimmend nickende Köpfe. Ich will nicht unbedingt sagen, dass sie ihren Konkurrenten Misserfolg wünschten, aber sie genossen zweifellos ihren Erfolg.

Ein marokkanischer Wissenschaftler namens Mohammed Dahoui trat ans Rednerpult, um die Ergebnisse der Datenassimilationsgruppe zu präsentieren. Er ging eine Liste der Beobachtungsdaten durch, die abhängig davon, inwieweit sie für das Modell von Nutzen waren, übernommen oder ausgeschlossen worden waren, und erklärte, von welchem Satelliteninstrument oder welcher Kategorie des globalen Beobachtungssystems sie geliefert worden waren. Die interessanteste Entwicklung in diesem Quartal war, dass erstmals Daten eines chinesischen Wettersatelliten namens FY-3b (Fengyun, was »Windwolke« bedeutet) in das

Modell eingespeist worden waren. Das war insbesondere deshalb bemerkenswert, weil dieser Satellit bereits seit fünf Jahren um die Erde kreiste: Es hatte sehr lange gedauert sicherzustellen, dass die Daten für das Modell brauchbar waren. Der Prozess war mühsam gewesen, aber wenn die zusätzlichen Beobachtungsdaten auch nur eine geringfügige Verbesserung der Anomalie Score ermöglichten, lohnte sich die Mühe. Es war nicht ungewöhnlich, dass ein Experiment durchgeführt wurde, um genau festzustellen, wie groß der Nutzen war. Insbesondere die Daten des Fengyun-Instruments, das die Bodenfeuchtigkeit maß, waren mit Spannung erwartet worden – »eine detaillierte Auswertung der Datenqualität der Mikrowellenradiometer« stand noch aus, wie es in einem EZMW-Bericht hieß. Für ein Wettermodell brauchte man sehr viel mehr als einen Supercomputer. Die Ergebnisse wurden nur besser, weil die Wissenschaftler jeden verwickelten Strang des Systems mit einem feinzahnigen Kamm bearbeiteten.

Manchmal geschah das Gegenteil: Ein Instrument wurde entfernt, ohne dass die Ergebnisse des Modells ungenauer wurden. Das war das überraschende Resultat, das in diesem Quartal nach dem Ausfall einiger Instrumente des amerikanischen Satellitensystems beobachtet worden war. Bei einer genauen Analyse hatte das Datenassimilationsteam keinen Hinweis darauf gefunden, dass sich der Verlust dieser Beobachtungsdaten negativ auf die Qualität der Vorhersagen auswirkte – insbesondere im Vergleich zu den Ergebnissen anderer wichtiger globaler Modelle. Es war eine verblüffende Erkenntnis: Die US-Satelliten hatten nicht funktioniert, und das hatte keinerlei Auswirkung auf das europäische Modell gehabt? Ein Wissenschaftler in der ersten Reihe äußerte die Vermutung, das 4dVar-System von Euro (das System, das Rabier entwickelt hatte) habe die Stabilität des Modells erhöht, weshalb es den Verlust bestimmter Beobachtungsdaten leichter verkraften könne.

Im Anschluss an den Bericht über die Leistung der Instrumente ging Ivan Tsonevsky, ein bulgarischer Forscher mit Cäsar-Haarschnitt, einige der wichtigsten Wetterereignisse durch, die im abgelaufenen Quartal nicht nur am Himmel über den europäischen Ländern, die das EZMW finanzierten, sondern in aller Welt beobachtet worden waren. Bei einem globalen Modell ist es unerheblich, ob ein Wetterereignis in Buffalo, New York oder Annapurna stattfindet – nur dass starke Niederschläge, die die Annapurna mit einer Schneedecke von einem Meter überziehen, anders als in Buffalo möglicherweise nicht von einem örtlichen Wetterdienst aufgezeichnet werden. In einem solchen Fall wird die letzte Vorhersage des Modells stellvertretend für die am Boden beobachteten Tatsachen verwendet. Dies ist eine der Situationen, in denen die Datenlage im Modell besser ist als in der Realität. Es liegt tatsächlich Schnee in Nepal, aber dokumentiert ist das nur in einer Simulation.

In der Diskussion zwischen den Wissenschaftlern ging es stets um Abwandlungen der Frage »Wie verhält sich die Software?«: Wie können wir die Komplexität des Modells, das wir gebaut haben, besser verstehen? Wie kann uns dieses Verständnis helfen, das Modell besser zu machen? Wie geht das Modell damit um? Wie stellt es die Wetterextreme dar, die am wichtigsten für uns sind, zum Beispiel Zyklone oder massive Schneefälle, die ihren Ursprung über den Großen Seen haben? Eine schlechte Wettervorhersage ist eigentlich nichts weiter als ein Moment, in dem die vom Modell entwickelte Version der Atmosphäre von der Realität abweicht, die eingetreten ist.

Jeder Wissenschaftler im Raum hatte ein Stück des Modells im Kopf. Jede Präsentation war von Fragen und manchmal auch Unterbrechungen begleitet. Alan Thorpe, der Generaldirektor des Zentrums, beteiligte sich an der intellektuellen Auseinandersetzung, und die jüngeren Wissenschaftler zögerten nicht, ihm zu widersprechen. Die häufigste Antwort war »Ja, aber …«. Die Akzente und Gesichtszüge waren unterschiedlich, aber all diese Forscher arbeiteten geschlossen an diesem Apparat – der nicht nur eine Sache, sondern auch eine von einer Software verkörperte Idee war, die auf den beiden Supercomputern am Ende des Gangs wieder und wieder durchgespielt wurde.

Nach dem Mittagessen strömten die Teilnehmer in den beeindruckenden Vorstandssaal des Zentrums aus den Siebzigerjahren, dessen Wände mit violetten Stofftapeten ausgekleidet waren, die Wettersysteme zeigten. Fünfzig Wissenschaftler drängten sich um den Vorstandstisch und folgten zwei Stunden lang konzentriert der Diskussion. Es klingelten keine Telefone, niemand bewegte sich. Die Debatte kreiste um die Frage, wie schnell die Entwicklung eines Modells in höherer Auflösung vorangetrieben werden sollte. Rabier erklärte, »die Benutzer« – die nationalen Wetterdienste – riefen danach, unter anderem, um ihre regionalen Modelle verbessern zu können. Aber eine höhere Auflösung führte nicht zwangsläufig zu besseren Vorhersagen, und die Berechnungen dauerten länger und waren komplexer. Die Klärung der Frage wurde auf einen späteren Zeitpunkt verschoben. Es war klar, dass die Auflösung schließlich erhöht werden würde, aber vorher waren noch zahlreiche kleinere Schritte zur Verbesserung des Modells nötig. Die Sonne stand schon tief, als die Wissenschaftler in ihre Büros zurückkehrten, um sich an die Arbeit zu machen – natürlich nach einem Zwischenstopp in der Cafeteria.

Ich hatte den ganzen Tag Wissenschaftlern zugehört, die über die Verbesserung des Vorhersagesystems im Lauf des Jahres diskutiert hatten. Aber im Zentrum gab es noch eine zweite Zeitachse: die beiden täglichen »Durchläufe« des Modells. Meteorologen in aller Welt und ihre Computersysteme haben ihre Tagesabläufe am Zeitplan des europäischen Modells ausgerichtet. Wenn über dem Nordosten der Vereinigten Staaten ein großer Wintersturm aufzog, war es nicht ungewöhnlich, dass die amerikanischen Meteorologen bis spätnachts aufblieben, um auf die Ergebnisse der EZMW-Simulationen zu warten, und sich bei ihren Vorhersagen für die folgenden zwölf Stunden daran orientierten (oder sie sogar übernahmen).

Im EZMW wurden die Computer und Telekommunikationseinrichtungen rund um die Uhr beobachtet, aber es war nicht so, dass für jeden Durchlauf des Modells der Startknopf gedrückt werden musste. Der Zyklus wiederholte sich automatisch, und nur ganz selten hielt jemand inne, um ihn zu beobachten. Aber jeder Durchlauf dauerte mehrere Stunden, womit genug Zeit war, um jeden Schritt festzuhalten, wenn man die Mühe auf sich nahm.

Adrian Simmons erklärte sich bereit, es zu versuchen. Er war seit 1979 beim EZMW, womit er zu den altgedienten Wissenschaftlern des Zentrums zählte, und hatte im Lauf der Jahre an fast allen Bestandteilen des Modells gearbeitet. Er war der unangefochtene Weise im Zentrum und anscheinend jedermanns Mentor. Wir schmiedeten einen Plan, um uns ein Büro zu leihen (er war eigentlich schon im Ruhestand und kam nur noch zum Vergnügen ins Zentrum) und uns in den Supercomputer einzuloggen, damit er mir die Entwicklung des Modells so gut wie möglich erklären konnte.

Um Punkt vier Uhr leuchtete geräuschlos das erste Kästchen grün auf: »Getting Obvs«. Die Beobachtungsdaten kamen herein. Simmons, der einen hellbraunen Sweater mit Reißverschluss und ein kariertes Hemd trug, saß an einem langen Tisch mit standardmäßiger schwarzer Arbeitsstation. Die Anzeigetafel über seinem Kopf war mit historischen Wetterkarten und Diagrammen von Prozessströmen behängt – genau das würden wir zu sehen bekommen. Wäre dies Richardsons Vorhersagefabrik gewesen, so würden jetzt Mitarbeiter hektisch die Temperatur-, Luftdruck- und Feuchtigkeitsangaben einsammeln, die per Telegraf aus aller Welt einträfen. Die menschlichen Rechner würden einander mit ihren Lampen anstrahlen, während sie ihre Gleichungen lösten. Aber in der digitalen Welt funktionierte alles ganz anders. Vor dem Fenster stand eine Baumgruppe, aber der Supercomputer selbst stand im Untergeschoss des gegenüberliegenden Gebäudes am Ende eines langen Flurs.

In den vergangenen zwölf Stunden waren durch die Glasfaserkabel, die unter der Auffahrt verliefen, die neuesten Wetterdaten in den Computer geflossen. Das System verschob sie zunächst von den Speicherservern zum Superrechner. Nachdem alle Rohdaten zum gegenwärtigen Zustand der globalen Atmosphäre gesammelt waren, machte sich das Computerprogramm an die Arbeit und verglich die Beobachtungsergebnisse aus den letzten zwölf Stunden mit der Vorhersage für diesen Zeitraum. Es glich die simulierte mit der realen Welt ab und passte das Modell so an, dass sie übereinstimmten. Dies war der »Tanz«, von dem ich gehört hatte, der Pas de deux von Realität und Modell, wobei die eine führte und das andere folgte.

Die Gegenwart war der Schlüssel zur Zukunft, aber das Modell des EZMW war so gestaltet, dass es diese beobachtete Version der

Euro

Gegenwart auch mit der Version vergleichen musste, die das Modell von der Gegenwart entwickelt hatte, das heißt mit seiner jüngsten Vorhersage. Es gab eine Version der Atmosphäre im Modell und eine Version der Atmosphäre, die von den Instrumenten gemessen wurde, und in diesem Schritt des Prozesses mussten die beiden miteinander verglichen und in Einklang gebracht werden.

Zum Glück war das normalerweise nicht allzu mühsam. »Unsere Zwölf-Stunden-Vorhersage ist ziemlich genau«, sagte Simmons, »weshalb die Beobachtungsdaten nur relativ geringfügige Korrekturen erforderlich machen. Es ist nicht so, dass unser Ausgangspunkt das Wetter des vergangenen Sommers oder das Wetter am selben Tag vor einem Jahr wäre. Wenn es so wäre, würde es uns wirklich schwerfallen, diese Methode zum Funktionieren zu bringen, denn wir würden erhebliche Veränderungen an den Beobachtungsdaten vornehmen. Aber da wir einen guten Ausgangspunkt haben – da wir bereits die gesamte Information aus den zwölf Stunden davor haben, ist das Ergebnis bereits sehr gut definiert.« Das Modell war ein ausgezeichnetes Startprogramm. Es war ein so gutes Modell der Atmosphäre, und das EZMW war so gut darin, die Beobachtungsdaten zu assimilieren, dass die zwischen dem Nachmittag und dem Abend erforderlichen Korrekturen sehr gering ausfielen. Man könnte sagen, dass das Modell bereits wusste, welche Werte gemessen werden würden – weil es gut darin war, die Zukunft vorherzusehen. Das war das Schöne an der Datenassimilation: Sie sagte die folgenden Beobachtungen voraus. Und so war es leicht, geringfügige Korrekturen vorzunehmen, um dafür zu sorgen, dass die Beobachtungen auch weiterhin richtig vorhergesagt werden konnten.

All das fand in einer relativ geringen Auflösung statt, denn der Prozess war »teuer«, wie Simmons es ausdrückte, was bedeutet, dass er sehr viel Rechenleistung in Anspruch nahm. In einem System wie dem des EZMW ist das Rechenbudget entscheidend: Milliarden Rechenschritte müssen sorgfältig abgestimmt werden, damit sie so schnell abgeschlossen werden können, dass sie einen Nutzen haben. (Wie Richardson vorausgesagt hatte: »Vielleicht wird es irgendwann in ferner Zukunft möglich sein, die Berechnungen schneller anzustellen, als sich das Wetter entwickelt.«)

Nachdem alle Beobachtungsdaten gesammelt waren, begann das Modell, die zahlreichen miteinander verknüpften Bestandteile durchzuarbeiten, Parameter wie Oberflächentemperaturen, Bodenfeuchtigkeit und Schneehöhe. Einiges machte dem Computer weniger Mühe, anderes mehr. Beispielsweise wurden die Ergebnisse zur Meerestemperatur vom britischen Met Office entlehnt, anstatt die Daten direkt zu analysieren. Die von einem Modell entwickelte Version des Erdsystems diente einem anderen als Grundlage, wodurch eine Konstellation von Modellen entstand, die bestimmte Datenprodukte austauschten und aufeinander angewiesen waren. »Die Wettervorhersage wirkt heute ein wenig kompetitiv, aber sie ist keineswegs unkooperativ«, versicherte mir Simmons. Es drehte sich alles um die Modelle.

Wir sahen zu, wie die Statusindikatoren die Farbe wechselten, als Simmons plötzlich die Stirn runzelte. »Jetzt wird es ein bisschen kryptisch«, sagte er. Das Modell verarbeitete etwas namens satid224, was die Bezeichnung für ein bestimmtes Instrument eines bestimmten Satelliten war. Es begann ein als »variationelle Bias-Korrektur« bezeichneter Prozess, der dazu diente, die

Beobachtungsdaten des Satelliten anzupassen. (In dem Büro, in dem wir saßen, waren wichtige Beiträge zu dieser Technik geleistet worden.) Die Beobachtungen selbst waren fließend, was am Charakter des Instruments und der beobachteten Atmosphäre lag. Sie mussten unentwegt kalibriert und angepasst werden. Das verwirrte mich. Bedeutete die Tatsache, dass sie nicht zu greifen waren, dass es keine grundlegende Wahrheit gab? Gab es überhaupt etwas, was absolut wahr war?

»Es gibt Beobachtungen, die wir nicht korrigieren«, erklärte Simmons. »Wir *glauben*, dass einige Beobachtungen wahr sind, und diese Beobachtungen stabilisieren das System.« Das schien mir eine merkwürdige Formulierung zu sein. Die Wissenschaftler *glaubten* bestimmte Dinge und machten sie zur Grundlage der simulierten Erdatmosphäre, die sie zusammensetzten. In jedem Fall rief mir diese Aussage in Erinnerung, dass das Modell eben ein Modell war: Es war weder die Realität noch ein Spiegel der Realität, sondern eine Repräsentation. Wenn es darum ging, der unendlichen Komplexität der Atmosphäre gerecht zu werden, würde das Modell bis zu einem gewissen Grad immer eine Vermutung sein.

Das erinnerte Simmons an ein weiteres wesentliches Merkmal dieses Systems, das er mir hatte zeigen wollen: Jede der darin enthaltenen Hunderten Millionen Beobachtungen war nicht nur eine Beobachtung eines Werts, sondern eine an einen bestimmten Ort auf oder oberhalb der Erde gebundene Beobachtung. Das Modell wurde durch sein dreidimensionales Gitter definiert, in das die Beobachtungen natürlich nicht unbedingt passten. Ein durch die Luft schwebender Wetterballon misst die Atmosphäre laufend und folgt einem dreidimensionalen Weg, anstatt sie nur an den abstrakten Punkten in der Luft zu messen, die exakt einem

Modell entsprechen. Früher wurden die Beobachtungsdaten – wie in Utsira – nur mit der Identifikationsnummer einer WMO-Station übermittelt, und der Rechner suchte den entsprechenden Ort anhand von Längen- und Breitengrad heraus. Im Zeitalter des Satelliten änderte sich das, denn nun konnte ein Instrument jeden Tag fast die gesamte Erde überfliegen. Die Beobachtungsstationen waren nicht länger an einen Ort gebunden. Die Satelliten lösten die Bindung zwischen den Messinstrumenten und bestimmten Punkten im Raum. Obendrein bewegten sich die Beobachtungen nicht nur im Raum, sondern auch in der Zeit. Die vierte Dimension war stets präsent.

Als die Ausgangsbedingungen feststanden, begann das Modell, sich in die Zukunft zu bewegen. Zuvor hatte es die vergangene Vorhersage mit den zuletzt beobachteten Bedingungen verglichen. Jetzt eilte es der Realität voraus und rechnete die Abkömmlinge von Bjerknes' Gleichungen durch. In Reading standen die Uhren auf kurz nach fünf nachmittags, aber in den Supercomputern war es bereits sechs Uhr. »Die Sechs-Uhr-Vorhersage ist eine echte Vorhersage«, sagte Simmons. »Wir sind jetzt in der Zukunft. Das System ist dem *Jetzt* eine Stunde voraus.«

Es war, als würde ich mir die Vorführung eines Zaubertricks anschauen, und es sah so aus, als würde man dem Fortschrittsbalken bei der Installation einer neuen Software zusehen. Die Welt hatte sich verlangsamt. Ein vernünftiger Mensch würde meinen, dass es dieser Demonstration von der Dauer eines Spielfilms an Spannung fehlte, und ich wurde hungrig.

»Noch kein rotes Licht«, murmelte Simmons, der ein wenig enttäuscht darüber schien, dass alles so reibungslos ablief. Während sich das Modell in die Zukunft bewegte, plauderten wir über verspätete Flüge und Weihnachtsgeschenke. Ich konnte hören,

dass Regentropfen auf das Dach des Gebäudes fielen. Eine Putz-
frau schob ihren Wagen durch den mit einem Teppichboden aus-
gelegten Flur. Simmons sah auf seine Uhr. »Ich kann bis Tag zehn
bleiben, dann muss ich nach Hause, weil ich noch etwas zu tun
habe.«

Um 17:42 Uhr mitteleuropäischer Zeit war es zwei Stunden her,
dass wir zu unserer Abenteuerreise aufgebrochen waren, und das
Modell war mittlerweile vier Tage in die Zukunft gereist. Um
17:50 Uhr waren wir bei Tag fünf. Die Simulation nahm Fahrt auf.
Je weiter das Modell in die Zukunft vorstieß, desto weniger hatte
es zu tun. Es war so eingestellt, dass die Präzision im Lauf der Zeit
abnahm, da die Vorhersage ohnehin weniger verlässlich wurde.
Ab Tag sechs gab das Modell nur noch Ergebnisse in Abständen
von sechs Stunden aus. Wir hatten zugesehen, wie es eine Drei-
viertelstunde gebraucht hatte, um die ersten fünf Tage zu berechnen, aber die letzten fünf Tage schaffte es in weniger als einer
halben Stunde. Als wir Tag zehn erreichten, hatte Simmons seine
Hausarbeiten vergessen.

»Sehen Sie genau hin, während es die Simulation abschließt«,
sagte er, wobei er seine Begeisterung kaum zügeln konnte. Die
letzten Vorhersagen stotterten über den Bildschirm wie eine
außerirdische Invasionsarmee aus Zeichen. Der Supercomputer
leerte seinen Cache, räumte auf und machte sich bereit für den
nächsten Durchlauf, der in zehn Stunden beginnen würde.

»In Ordnung, das war's«, sagte Simmons. »Wir sind fertig.« Er
sah erneut auf seine Uhr. »Es ist gerade einmal Viertel nach sechs.«
Das Vorhersagesystem hatte zweieinviertel Stunden gebraucht.
Richardsons Traum war wahr geworden.

Simmons erinnerte sich: »In der Frühzeit gingen wir hinunter,
setzten uns mit dem Betriebspersonal hin und beobachteten die

Computer, wenn die Veränderung wirklich groß war. Denn wenn etwas schiefging, mussten wir es reparieren. Heute kann man solche Probleme von zu Hause aus lösen.« Er seufzte.

An diesem Abend waren wir die Einzigen, die sämtliche Schritte verfolgten, aber draußen wartete die Welt gespannt auf die Ergebnisse. Der Supercomputer am Ende des Flurs setzte ein Modell der Atmosphäre zusammen und verteilte es unter Milliarden Menschen in aller Welt. Meteorologen warteten darauf, den letzten Durchlauf auszuwerten, und Computersysteme warteten darauf, die letzten Vorhersagen in ihre eigenen Modelle einzuspeisen, damit diese hinausgeschickt werden konnten.

Simmons begann, einige Karten aufzurufen, um sich die groben Wettertrends der kommenden Woche anzusehen – den Zustand der Atmosphäre in aller Welt in den zehn Tagen bis Weihnachten. Für einen Wetterfan war das so, als ließe er sich den köstlichsten Fisch frisch aus dem Meer schmecken. Ich fragte ihn, ob es etwas wert wäre, diese Information früher als andere zu bekommen.

»Ja, für Akteure auf den Energiemärkten«, sagte Simmons. Da die Entwicklung von Energie-Futures nicht vom gegenwärtigen, sondern vom zukünftigen Wetter abhängt, war es theoretisch möglich, die Vorhersagen für Arbitragegeschäfte zu nutzen. »Aber wir haben alle Jobs«, sagte er. »Nun ja, ich habe keinen Job, aber ich möchte gern weiterhin ins Haus gelassen werden.«

Simmons brauchte noch ein paar Minuten, um einige E-Mails zu beantworten, und ich verabschiedete mich. Ich ging durch den schmalen Flur an den Büros der Wissenschaftler vorbei, jedes mit seinem hellen Holztisch, seinem Schreibtischsessel und seinem Desktop, der mit dem fünfzig Schritte entfernten Supercomputer verbunden war. Jedes dieser Büros beherbergte den Körper, der den Verstand enthielt, der die aus Mathematik und Silizium gemachten Prozesse entwickelte, die von all den Satelliten, Bojen und Wetterballons gefüttert wurden. Dies war der Ort, an dem unsere Fähigkeit zu Vorhersage des Wetters gebündelt war. Dies war der Ort, an dem vierzig Jahre – oder hundertfünfzig Jahre – kumulativer Anstrengungen gebündelt waren. Dies war die Quelle der Wettervorhersagen.

Aber wohin gingen all diese Informationen?

# 9

## Die App

Die erste Wetter-App wurde am 23. Februar 1991 von einem schlaksigen Studenten namens Jeff Masters ins Internet gestellt. Die Abteilung für Atmosphärenforschung der University of Michigan in Ann Arbor hatte eine Satellitenschüssel auf dem Dach stehen, über die sie einen Datenfeed des National Weather Service empfing. Masters schrieb für eine Seminararbeit ein kurzes Programm, das jedermann auf dem Campus eine einfache Schnittstelle für den Datenfeed lieferte: Es genügte, einen Flughafencode einzugeben, um die Vorhersage des Wetterdienstes für die entsprechende Stadt abzurufen.

Zu jener Zeit war Michigan die Drehscheibe des Internets, was der Arbeit von MERIT zu verdanken war, einer gemeinnützigen Einrichtung, die von der amerikanischen Regierung beauftragt worden war, das Rückgrat des Internets zu betreiben. Mit Unterstützung der Mitarbeiter von MERIT schrieb Masters ein weiteres kleines Programm, schloss einen überschüssigen Computer an das MERIT-Netzwerk an und machte dieses Wettervorhersagewerkzeug im Internet zugänglich.

Innerhalb kürzester Zeit wurde das Programm von jedermann im Internet genutzt. Nach nur einer Woche hatte Masters 500 User.

179

Drei Monate später forderten jede Woche 120 000 Benutzer mit dem Drei-Buchstaben-Code die Wettervorhersage an. Masters nannte sein Werkzeug Weather Underground, eine Anspielung auf die radikale politische Gruppe, die in den Sechzigerjahren in Michigan aktiv gewesen war, denn seine Lösung war radikal: Es war »ein versponnenes, neuartiges Untergrundprogramm«, wie er es im Gespräch mit mir ausdrückte. Innerhalb eines Jahres verwandelte sich Weather Underground in eine der populärsten Sites im Internet.[100]

Aber während das von Masters entwickelte Programm eine neue Möglichkeit eröffnete, sich über das Wetter zu informieren, änderte sich nichts am Charakter der eigentlichen Vorhersage. Zumindest in jenen frühen Tagen übernahm Weather Underground einfach die von den Meteorologen des National Weather Service geschriebenen und über ihr vorhandenes Verteilungsnetz verschickten Prognosen und stellte sie in das entstehende Internet. Im Jahr 1995 wandelten Masters und mehrere Kollegen Weather Underground in ein Unternehmen mit Gewinnzweck um, aber die Domain weather.com schnappte ihnen ein anderes Unternehmen vor der Nase weg.

Diese Domain sicherte sich The Weather Channel, ein seit den Achtzigerjahren in den Vereinigten Staaten beliebter Fernsehsender. Aber der Sender erkannte rasch, dass er ein Problem hatte. Anders als Weather Underground schrieb er seine eigenen Vorhersagen für das Fernsehen, und die Website hatten die Fernsehleute einfach eingerichtet, um mit Fettstiften dieselben Daten einzufügen, die sie für ihre Prognosen verwendeten. Doch das funktionierte nicht wie geplant. Zum einen war das Internetpublikum global und hatte einen eigenen Zeitplan. Weather Channel brauchte Aktualisierungen in kürzeren Intervallen für eine größere Zahl von Orten. Auf der Suche nach Hilfe wandten sich die Mitarbeiter des Senders (so wie ich) an das National Center for Atmospheric Research in Boulder.

Zu jener Zeit arbeitete Peter Neilley dort als wissenschaftlicher Mitarbeiter in einem Laboratorium, das sich auf die praktische Anwendung der Forschungsergebnisse konzentrierte. Dieser rotblonde Mann mit rosigen Wangen interessierte sich seit seiner Kindheit, die er in den Siebzigerjahren in New Jersey verbracht hatte, für die Wetterkunde und insbesondere für Schneevorhersagen, da er ein leidenschaftlicher Skifahrer war. Derselbe Pragmatismus prägte später auch seine Entscheidung über den Weg, den er als Student am MIT einschlug: Während seine Studienkollegen ein theoretisches Verständnis des Wetters anstrebten, baute sich Neilley einen Computer mit einem maßgeschneiderten Betriebssystem, das ihm dabei helfen sollte, die analogen Forschungsdaten der Abteilung zu digitalisieren.»Ich interessierte mich für die Frage, wie man das morgige Wetter besser vorhersagen konnte«, erklärte er mir.

Er wurde nicht zu dem Gespräch mit den Leuten von Weather Channel eingeladen, aber er hörte die Diskussion in seinem Büro auf der anderen Seite des Flurs: Sie planten ein sogenanntes »Expertensystem«, das die Methoden menschlicher Prognostiker aus aller Welt in eine programmierbare Logik umwandeln sollte. Neilley wusste, dass das nicht funktionieren würde. So kam es zum»Schmetterlingsflattermoment« seines Lebens, wie er es ausdrückt: Die Diskussion im Raum gegenüber quälte ihn derart, dass er schließlich aufsprang, in die Sitzung platzte und den versammelten Teilnehmern eröffnete, dass sie die Sache vollkommen falsch verstanden. Das Expertensystem war nicht praktikabel: Es gab zu viele Prognostiker mit zu vielen individuellen Ansätzen, und ihre Methoden änderten sich abhängig von den verwendeten Datenquellen. Wie wollten die Leute von Weather Channel die Vorhersagen für das ganze Land, geschweige denn für die Welt auf dem neuesten Stand halten, wenn sie auf menschliche Quellen angewiesen waren? Dies war das Jahr 1997, und das Internet machte beim Wetter so wie bei allen anderen Dingen einen neuen Zugang erforderlich.

Neilley wollte etwas bauen, für das man nicht auf Menschen angewiesen war – oder für das man zumindest weniger auf sie angewiesen war. Er wollte auf die Rohdaten der Wettermodelle zugreifen. Die Meteorologen verwendeten seit den Achtzigerjahren Modelle, aber die meisten von ihnen wussten, dass sie sich nicht darauf verlassen konnten: Die Modelle dienten lediglich als Orientierungshilfe – sie gaben Ratschläge, die man annehmen konnte oder nicht. Wie die frühen Digitalkameras hatten auch die Wettermodelle jener Zeit eine relativ geringe räumliche Auflösung, weshalb ihre Vorhersagen für problematische Orte, zum Beispiel für bevölkerungsreiche Küstenstädte, unzuverlässig waren. Wenn der Gitterpunkt des Modells, der New York am nächsten war, zehn Kilometer vor der Küste im Atlantik lag, war die Temperaturangabe für die Stadt zwangsläufig fast immer falsch.

Neilley wollte »die Modelle zum Singen bringen«, wie er es ausdrückt, indem er ihre Ergebnisse mit den historischen Temperaturmustern an den Orten mischte, an denen die Menschen tatsächlich lebten. Das hatte wenig mit einer solchen physikalischen Forschung zu tun, welche die Wissenschaftler am EZMW betrieben. Stattdessen ging es ihm um die statistische Aufbereitung des Modeloutputs. An den meisten Tagen würde das durchaus zuverlässige Vorhersagen liefern, und bei extremen Wetterereignissen gab es ja immer noch Menschen, welche die Beobachtungsergebnisse beurteilen konnten. Seine Lösung sicherte Neilley einen Job bei Weather Channel, der sich später in die Weather Company verwandelte. So begann eine mittlerweile mehr als zwei Jahrzehnte dauernde Jagd nach immer besseren Ergebnissen.[101]

Lange Zeit funktionierte das System wie ein Trichter. Man schüttete oben verschiedenste Inputs wie Echtzeitdaten, Daten des Wetterradars und die Ergebnisse zahlreicher Wettermodelle hinein. An der Öffnung des Halses saßen die Vorhersageexperten des Senders. Sie verwendeten den Output des Systems als »ersten Orientierungswert«, den sie gestützt auf ihre Erfahrung mit den Ergebnissen der verschiedenen Modelle und ihrer eigenen Einschätzung des Wetters an einem gegebenen Ort anpassten. »Über die Veröffentlichung entschieden stets die Menschen«, erinnert sich Neilley. »Kein Inhalt wurde herausgegeben, ohne vorher von einem Menschen freigegeben worden zu sein.«

Das System ermöglichte häufigere und genauere Vorhersagen, als Menschen allein hätten entwickeln können, aber die Menschen waren immer noch ein Sicherungsmechanismus – und ein Engpass. Die Zahl der Aktualisierungen war beschränkt, und es konnte – unter geografischen Gesichtspunkten – nur eine begrenzte Zahl von Vorhersagen geben.

Das wurde zum Problem, als das Smartphone auftauchte. Die Vorhersage war auf die eine oder andere Art immer von einem Menschen gemacht worden. Im 19. Jahrhundert stand die Wettervorhersage (soweit man zu jener Zeit von einer Vorhersage sprechen konnte) in der Morgen- oder Abendzeitung. Meine Eltern hörten die Wettervorhersage als Kinder in den Fünfzigerjahren im Radio, und diese Prognose war immer noch nicht besonders gut. Als ich ein Kind war, wartete ich beim Frühstück darauf, dass der alberne Willard Scott im Kinderfernsehen das Wetter ankündigte, bevor er Glückwunschbotschaften an Hundertjährige vorlas. Doch mittlerweile wurde die Vorhersage von einer an meinen Standort gekoppelten App geliefert, und ich sah sie mir mehrmals täglich an. Der Übergang zu den Mobilgeräten hatte zur Folge, dass die Vorhersage häufiger und von einer größeren Zahl von Orten aus abgerufen wurde und dass die Verbraucher größere zeitliche und örtliche Präzision verlangten.

Neilley war der Meinung, das System der Weather Company müsse die neuen Erwartungen erfüllen. Die Modelle waren so weit, dass sie einen größeren Teil der Arbeit übernehmen konnten. Sie arbeiteten genauer und simulierten das Wetter weiter in die Zukunft. Ihre Ergebnisse waren keine bloße »Orientierungshilfe« mehr und konnten oft nicht mehr von der Arbeit menschlicher Meteorologen unterschieden werden. Sie wurden räumlich präziser und erreichten eine höhere Auflösung. Und man konnte auf eine wachsende Zahl von Modellen zurückgreifen; es wurden neue Modelle eingeführt, die dem Chaos der Atmosphäre besser gerecht wurden und die Vorhersagen weiter verbesserten.

Neilley und seine Kollegen dachten sich eine neue Vorhersage-auf-Nachfrage-Maschine aus, die jedes Mal, wenn ein Benutzer eine Anfrage machte – das heißt seine App aufrief –, automatisch auf das große Datenreservoir der Weather Company zugriff und die aktuellste Vorhersage für diesen Ort erstellte. Das System nahm weiterhin Korrekturen an den Ergebnissen der Modelle vor und bereinigte sie beispielsweise um extreme Höchst- und Tiefstwerte, aber die Modelle machten »neunzig Prozent der Arbeit«, wie Neilley erklärt. »Wir holten das Maximum aus ihnen heraus.«

Inzwischen arbeitete das System der Weather Company mit 162 verschiedenen Modellinputs. Die meisten waren geringfügige Abwandlungen des europäischen Modells und wurden als »das Ensemble« bezeichnet. Indem man sie in ihrer Gesamtheit betrachtete, konnte man das wahrscheinlichste Wetter zusammensetzen. Aber es war eine Vielzahl von Elementen zu berücksichtigen. Der Trichter hatte sich in einen Löschschlauch verwandelt. Die Modelle hatten sich derart verbessert, dass die Menschen immer weniger zum Prozess beitrugen. »Ein Mensch kann unmöglich 162 Inputs auswerten«, erklärte Neilley. Er wies sein Team an, nicht mehr mit der Temperatur herumzuspielen. »Ich sagte meinen Leuten: Wenn man die Temperaturvorhersage modifiziert, ist die Chance, sie zu verschlechtern, genauso groß wie die Chance, sie zu verbessern. Das ist einfach keine gute Art, unsere Zeit zu nutzen!« Die menschlichen Prognostiker waren überwiegend in der Weather-Channel-Zentrale in Atlanta stationiert, wo sie eine Art von Blockade beaufsichtigten, denn die Vorhersagen stauten sich auf, bevor die Fachleute sie freigeben konnten. Die Folge war, dass sich die Vorhersagen unnötig verzögerten. Neilley begriff, dass es nur eine Lösung für das Problem gab: Er musste die Menschen aus dem Prozess herausnehmen.

Die Menschen waren jedoch nicht vollkommen nutzlos. Die Modelle waren technisch präzise, aber es gab immer noch Situationen, in denen ihre Ergebnisse nuanciert betrachtet werden mussten. (Beispielsweise fiel es dem Computer schwer, in seiner einfach formulierten Vorhersage zwischen Schauern und Gewittern zu unterscheiden.) Man musste dafür sorgen, dass sich das System »die Klugheit des Prognostikers« bewahrte, wie es Neilley erklärte.

Die Lösung bestand darin, die Prognostiker vom Ende der Schleife, wo sie einen Engpass erzeugt hatten, abzuziehen und »über der Schleife« zu platzieren, damit der Prozess ohne sie ablaufen konnte. »Bis dahin hatten sie warten müssen, bis das Modell fertig war, um anschließend Korrekturen vorzunehmen und das Resultat zu veröffentlichen«, sagt Neilley. »Von nun an ging die Prognose hinaus, egal ob sie eingegriffen hatten oder nicht.« Wenn sie eingreifen mussten, konnten sie das jedoch weiterhin tun, um die Vorhersage zu modifizieren wie ein Fotograf, der einen Filter anwendet. Die Menschen waren nun einfach ein weiterer Systeminput.

Im Juli 2015 nahm Neilley das neue System unangekündigt und ohne großes Tamtam in Betrieb: Von diesem Tag an war das Vorhersagesystem der Weather Company nicht mehr auf Menschen angewiesen, um seine Daten mit der Welt zu teilen.

Neilleys Arbeitsplatz, die technische Abteilung der Weather Company, ist in einem schmucken Büropark in Andover, knapp 50 Kilometer nördlich von Boston, im zweiten Stock eines weißen Gebäudes mit großen Fenstern untergebracht. Im Konferenzzimmer »Tsunami« erklärten sich Neilley und ein Softwareingenieur namens Jim Lidrbauch bereit zu demonstrieren, wie das neue System funktionierte.

Lidrbauch schloss seinen Laptop an einen riesigen Bildschirm an der Stirnseite des Konferenzraums an und startete das Programm, das sie HOTL (»Humans Over the Loop«, Menschen über der Schleife) nannten. Es war eine Mischung aus Google Earth und Zeitmaschine. Mit einem roten Schieberegler am unteren Bildschirmrand konnten die Meteorologen das Wetter vorspulen, so als würden sie eine Szene in einem Spielfilm suchen. Lidrbauch

bewegte den Schieber, und die Karte wurde mit Polygonen über-
lagert, so als hätte man einem Fünfjährigen erlaubt, mit einem
Zeichenwerkzeug zu spielen. Jedes dieser Vielecke stand für einen
menschlichen Eingriff – dies waren die letzten Überreste der
aktiven Beteiligung der Meteorologen.

Jedes Mal, wenn irgendwo in der Welt jemand eine Vorhersage
für einen Ort innerhalb des Polygons anforderte, wurde die
Änderung automatisch auf das Ergebnis angewandt. Ein Filter
spezifizierte »Kein Eis«, was eine Anweisung an das Vorhersagesystem war, für dieses Gebiet ungeachtet dessen, was das Modell
sagte, entweder Regen oder Schnee, aber keinen Eisregen auszu-
geben. Ein weiterer Fleck über Georgia war das Werk von jemandem in Atlanta: Das System wurde angewiesen, die Wolkendecke
um fünf Prozent zu verdichten und die Temperatur um ein Grad
zu senken. »Eine Feinjustierung«, sagte Lidrbauch.

Neilley saß am anderen Ende des Tischs und blinzelte über den
Rand seinen Laptops. »Wir haben einen aktiven Filter zur Senkung
der Temperatur? Worauf wird der angewendet? Für welchen Zeitraum gilt das?«

»Für heute Nachmittag«, antwortete Lidrbauch. Er klickte herum,
um sich anzusehen, wer die Änderung vorgenommen hatte. Es
war ein Meteorologe namens Juan von der Weather Company in
Atlanta. Hatte Juan aus dem Fenster geschaut und war nicht damit
einverstanden gewesen, wie das System den Himmel beurteilt
hatte? Langweilte sich Juan vielleicht?

Neilley seufzte. »Da zieht einer ein Grad Fahrenheit von der
Temperatur für den restlichen Nachmittag ab. Wird hier die Zeit
gut genutzt? Na ja, es liegt in der Natur des Menschen, seine Zeit
mit Arbeit zu füllen.«

Das Computersystem der Weather Company erzeugt jeden

Tag auf Anfrage rund 26 Milliarden Vorhersagen für Benutzer in aller Welt. Die meisten dieser Vorhersagen gehen ohne menschliche Eingriffe hinaus. Hier haben wir es nicht einfach mit einer Änderung an einer App zu tun (selbst wenn es eine große ist). Dies ist ein Beleg für eine sehr viel bedeutsamere Veränderung in der Meteorologie: Die Prognostiker geben keine Prognosen mehr ab.

Obwohl Neilley darauf beharrt, beim Übergang zu »Over-the-loop« handle es sich nicht um eine »Revolution«, sondern um eine »Evolution«, ist es ein bemerkenswerter Wandel. Neilley hat sein Team über einen Rubikon geführt. Ein Jahrhundert, nachdem erstmals die Möglichkeit erwogen wurde, das Wetter könne berechnet werden, sechzig Jahre nach der Entwicklung des ersten computergestützten Wettermodells und dreißig Jahre, nachdem die Wettermodelle zu einem Teil des meteorologischen Alltags wurden, ist das Modellierungssystem so ausgereift, dass es an den meisten Tagen ebenso gute Vorhersagen abgeben kann wie ein Mensch. Von diesem Punkt an herrschen die Modelle. Die Maschinen haben die Dinge in die Hand genommen, und sie sind sehr beschäftigt.

Im Jahr 2012 übernahm The Weather Channel schließlich Weather Underground, und bald darauf benannte sich das Unternehmen in The Weather Company um. Wie bei Apple, das seinerzeit das Wort »Computer« aus seinem Namen strich, deutete dieser Schritt auch hier auf eine Änderung des Geschäftsmodells und auf einen Wandel in der Meteorologie als solcher hin. Das Unternehmen war nicht mehr im Fernsehsektor tätig, sondern hatte sich in einen Informationsanbieter verwandelt. Das wurde noch klarer, als die Weather Company im Jahr 2016 von IBM übernommen wurde (der Weather Channel arbeitet weiterhin unabhängig von IBM, nutzt jedoch die Daten der Weather Company).

Die »Vorhersagemaschine« der Weather Company bildet das Kernstück eines riesigen Netzes: Sie versorgt nicht nur ihre eigene Website und App und die von Weather Underground, sondern liefert auch die Vorhersagen für Google, Apple, Yahoo, Facebook und zahllose andere Websites und Fernsehsender in aller Welt. Dazu kommen Vorhersagedienste für Kunden wie Fluglinien und Energieversorger, und ein Bereich des Unternehmens sucht nach neuen Anwendungsgebieten für die Daten.

Für die meisten von uns ist die Wetter-App jedoch etwas sehr Persönliches. Als meine Tochter klein war, stellte sie mir eine Weile jeden Abend dieselbe Frage, bevor sie sich zur Wand drehte und einschlief: »Was wird morgen sein?« Natürlich war es eine unbedarfte Frage, ein Gedanke, den sie mit in den Schlaf nahm. Die Frage war praktisch gemeint: War der nächste Tag ein Kindergartentag oder begann das Wochenende? Hatten wir etwas geplant – würde eine Freundin zum Spielen kommen, hatten wir eine familiäre Verpflichtung oder stand ein größeres Abenteuer bevor? Vierjährige haben ein rudimentäres Zeitempfinden, weshalb meiner Tochter das Mühlwerk des Kalenders, der schnelle und langsame Rhythmus von Tagen, Wochen, Jahreszeiten, Menschenleben nicht in den Sinn kam. Alle ihre Tage waren »morgen«. Es war auch eine existenzielle Frage: Sie wollte die Gewissheit haben, dass es einen morgigen Tag geben würde, wenn sie die Augen wieder öffnete. Sie wollte sicher sein, dass nach der Dunkelheit immer die Sonne aufgehen würde.

Ihre Frage »Was wird morgen sein?« war also nicht meteorologisch gemeint, aber ich wünschte mir oft, es wäre so. Denn die meteorologische war die Frage, die am leichtesten zu beantworten war. Ich konnte in drei Sekunden herausfinden, was morgen sein würde. Ich konnte ein halbes Dutzend Wetter-Apps auf meinem Smartphone aufrufen und einen Blick auf die Symbole werfen: kleine Wolken und Sonnen, gelegentlich eine Schneeflocke, parallele Linien, die Wind bedeuteten. Wenn ich wie gewöhnlich Weather Underground aufrief, würde ich die von Peter Neilley entwickelte Vorhersagemaschine verwenden.

Solche Apps ändern sich oft, aber in der gegenwärtigen Version schlängelt sich eine rote Linie durch ein blasses Gitter, wobei die Gipfel und Talsohlen Aufschluss über die Nachmittagshöchsttemperaturen und nächtlichen Tiefstwerte in den nächsten zehn Tagen geben. Das Interessanteste sind die Veränderungen. Im Lauf der Stunden und Tage ändert die rote Linie fließend ihre Form wie eine Schlange im Gras. Wenn ich am Morgen hineinschaue, sehe ich vielleicht einen Höchstwert von 7 Grad Celsius in drei Tagen. Wenn ich die App am Nachmittag erneut aufrufe, zeigt sie mir vielleicht 6 Grad an – nur dass diese Prognose nicht mehr für drei, sondern für zweieinhalb Tage gilt. Die Vorhersage ist nie statisch. Die Zukunft rückt immer näher (so funktioniert die Zeit nun einmal).

Aber auch die Vorhersage selbst ändert sich und nähert sich mit jedem Durchlauf der Modelle dem wahrscheinlichsten Wetter an, bis zu dem Augenblick, in dem sich die Zukunft in die Gegenwart verwandelt. Die Wettervorhersage ist weniger ein Rhythmus als ein Strom. Sie entspringt einer Sequenz von Prozessen, Berechnungen und Beobachtungen, die in Kaskaden durch das System fließen, das sich rund um den Erdball, hoch in die Atmosphäre und tief in den Weltraum erstreckt. Sie ist der sichtbare Endpunkt in einer langen Datenlieferkette, wie die Spitze eines riesigen Eisbergs. Wenn all diese Information auf dem Bildschirm in meiner Hand landet, ist sie zum »Wetter« geronnen. Dies ist das hübsche Gesicht einer komplexen, weitläufigen Maschine. Mit ihrer Hilfe kann ich wissen (oder mir zumindest ein ziemlich gutes Bild davon machen), wie die Temperatur zu jeder gegebenen Stunde sein wird. Aus Erfahrung weiß ich, wie sich das anfühlen wird, wie mir −10 Grad Celsius in der Lunge brennen und wie mich +33 Grad niederdrücken werden.

Es ist nicht garantiert, dass die kleinen Piktogramme auf meinem Bildschirm das kommende Wetter genau vorhersagen, aber normalerweise kommen sie der Realität ziemlich nah. Wie wir unser Morgen in Angriff nehmen, wie wir unsere Stunde auf der Bühne nutzen werden, ist eine offene Frage – wir verbringen unser Leben damit, sie zu beantworten. Aber wie wird das Wetter morgen sein? Die Antwort auf diese Frage gibt die Wettermaschine.

Die schwierigere Frage ist, was wir daraus machen werden.

# 10

## Die gute Vorhersage

Mein Gespräch mit Tim Palmer war eigentlich eine Nachlese. Während meines Besuchs im Europäischen Zentrum für Mittelfristige Wettervorhersage (EZMW) in Reading hörte ich immer wieder seinen Namen. Er war so etwas wie eine graue Eminenz, ein gelegentlicher Besucher, der nicht weit entfernt in Oxford einen Lehrstuhl übernommen hatte. Berühmt geworden war er mit einer Idee, die in Anbetracht der Besessenheit des Zentrums von der unablässigen Verbesserung eigenartig wirkte: Er hatte erklärt, Wettervorhersagen seien nicht vollkommen und würden es nie sein. Er schlug einen anderen Zugang vor:»Größere Genauigkeit mit geringerer Präzision.«Er genoss es, wenn sich die Leute den Kopf über dieses Oxymoron zerbrachen.[102]

»Es passierte vor einigen Jahren«, begann er, als wir uns in einem Winkel des Wetterraums auf zwei niedrigen Sesseln niedergelassen hatten. Er hatte einen grauen Lockenkopf und trug ein Poloshirt unter einem ausgeleierten blauen Pullover. Auf dem Kaffeetisch vor uns lag eine Broschüre für einen neuen NASA-Satelliten, wie eine Filmzeitschrift beim Zahnarzt.»Jemand rief an, weil er ein Hochzeitsjubiläum oder etwas in der Art feiern wollte«, sagte er.»Die Leute mussten bis Montag wissen, ob sie für den folgenden Samstag ein Festzelt mieten sollten. Würde es regnen? Würde die Sonne scheinen?«

Man sollte meinen, dass dies eine Frage war, von der die Meteorologen in diesem Raum träumten. Ihr Ziel war das perfekte Modell, das Modell, das das Wetter jedes Mal richtig vorhersagen würde. Aber in Palmers Augen war es ein Fehler, so zu denken. »Das Leben ist nicht immer so einfach. Entscheidend ist, wie wichtig es Ihnen ist, dass die Leute, die zu Ihrem Fest kommen, nicht nass werden. Nehmen wir an, die Queen ist eingeladen, und Sie dürfen sich Hoffnungen machen, bald in den Ritterstand erhoben zu werden. Wenn ich Ihnen in dieser Situation sage, dass die Wahrscheinlichkeit von Regen bei zehn Prozent liegt, so werden Sie sich vielleicht für das Festzelt entscheiden, denn es wäre nicht sehr vorteilhaft, wenn die Königin nass würde. Also werden Sie das Geld in das Festzelt investieren, obwohl die Niederschlagswahrscheinlichkeit nur bei zehn Prozent liegt.

Sind hingegen nur Ihre Kumpels aus dem Pub eingeladen, so werden Sie die Kosten für das Festzelt vielleicht erst auf sich nehmen, wenn es mit achtzigprozentiger Wahrscheinlichkeit regnen wird.« Palmer blinzelte mich an. »Es geht hier um Folgendes: In Anbetracht der Ungewissheit erlaubt Ihnen die Wahrscheinlichkeit, eine sehr viel bessere Entscheidung zu fällen, als wenn ich Ihnen einfach sagte: ›Ja, es wird regnen‹ oder ›Nein, es wird nicht regnen‹.«

Wozu sind Wettervorhersagen gut? Was ist eine gute Wettervorhersage? Wozu ist ein Wetterprognostiker gut? Die Leistungen der Wettermaschine in ihrer gegenwärtigen Form haben eine Übergangsphase in der Entwicklung der Meteorologie eingeleitet. Peter Neilley mag darauf beharren, dass die Neuausrichtung der

Weather Company keine Revolution, sondern eine Evolution ist, aber es ist in jedem Fall eine bemerkenswerte Entwicklung: Die Prognostiker prognostizieren weniger. Stattdessen haben die Wettermodelle und die Systeme, die zwischen den Meteorologen und uns sitzen – zum Beispiel die Vorhersagemaschine der Weather Company –, einen größeren Teil der Arbeit übernommen. Die Weather Company ist nicht mehr der einzige Pionier dieser Transformation. Beispielsweise beschäftigte der Weather Service, der nationale Wetterdienst der USA, im Jahr 2017 noch 2500 Meteorologen, die teilweise damit beschäftigt waren, von Hand zu publizieren, was die Weather Company mit 13 Mitarbeitern schaffte. Aber auch der Weather Service bemüht sich aktiv um ein automatisiertes System und hat die Prioritäten für sein Personal verschoben.

»Wir ändern grundlegend, wo unsere Tätigkeit tatsächlich endet«, erklärte mir Louis Uccellini, der Leiter des National Weather Service. Das bedeutet insbesondere, dass mehr Zeit dafür aufgewandt wird, den Mitarbeitern des Katastrophenschutzes und den für öffentliche Bauarbeiten verantwortlichen Beamten zu erklären, wie wahrscheinlich bestimmte Wetterereignisse sind und wie gravierend ihre Auswirkungen sein können. Fürs Erste hat das den Arbeitsaufwand der Mitarbeiter des Weather Service erhöht, aber in der Zukunft könnte es durchaus ihre einzige Arbeit sein.

Eine neue Generation von Fernsehmeteorologen hat sich bereits damit abgefunden. Ryan Hanrahan, ein Wettermoderator bei NBC Connecticut, hat eine solide wissenschaftliche Ausbildung, die er jedoch immer weniger für jene Art von alltäglichen Vorhersagen nutzt, die ihn noch vor wenigen Jahren jeden Tag mehrere Stunden beschäftigten. (Große Stürme sind eine andere

Geschichte.) »Es steht außer Frage, dass unsere zukünftige Tätigkeit mehr um die Kommunikation als darum kreisen wird, tatsächlich herauszufinden, ob die Temperatur in drei Tagen bei 19 oder 20 Grad im Schatten liegen wird«, erklärte er mir. Aber nicht alle Meteorologen haben diese Paradigmenverschiebung akzeptiert. »Manche Kollegen wollen es nicht wahrhaben, dass ein Computer die Arbeit genauso gut machen kann wie sie«, sagt Hanrahan.

Diese Reaktion ist durchaus nachvollziehbar, wenn jemand jahrzehntelang gesehen hat, dass das, was die Wettermodelle ausspuckten, wertlos war. Aber da diese Modelle zweifelsfrei besser geworden sind, liegt die Latte mittlerweile höher, und heute ist es oft schwierig, wenn nicht sogar unmöglich, bessere Vorhersagen als der Computer zu machen.

Paradoxerweise haben gerade die Verbesserungen an den automatisierten Vorhersagen die Bedeutung der Kommunikation erhöht. Als noch die Hälfte aller Vorhersagen falsch war, war es schwieriger, sie zur Grundlage von Entscheidungen zu machen. Flüge wurden später gestrichen, Schulen wurden erst geschlossen, nachdem der Schnee bereits meterhoch lag. Heute sind die Vorhersagen so gut, dass wir Entscheidungen davon abhängig machen können, und das oft mehrere Tage im Voraus. Das konfrontiert uns mit einer neuen Herausforderung: Wenn die Wettervorhersage beinahe perfekt ist, was kann man dann damit tun? Wie kann man lernen, sie für Entscheidungen heranzuziehen? Früher brauchte die Meteorologie lange, um dieser Realität gerecht zu werden.

»Das war immer eine nachrangige Frage für uns, es war das Problem von jemand anderem«, erklärte mir Neilley. »Unsere Wissenschaft sagte lange Zeit: ›Wir konzentrieren uns einfach auf die Genauigkeit, und wenn wir ein utopisches Maß an Genauigkeit erreichen, ist die Gesellschaft in guten Händen.‹ Aber wir haben begriffen, dass das nicht vollkommen richtig war.« Der Tätigkeitsbereich der Meteorologen ist größer geworden. Er beinhaltet mittlerweile »die gesamte Wertschöpfungskette von der Produktion der Vorhersage, die mit den Modellen beginnt, bis zur effektiven Entscheidung des einzelnen Experten«, erklärte mir Neilley.

Die Gewerkschaft der Meteorologen befürchtet, dass ihre Mitglieder im Lauf der Zeit durch Roboter ersetzt werden, was verständlich ist, aber Uccellini betont eher die Wiederbesinnung auf die grundlegende Aufgabe: »Die Mission des Weather Service besteht zunächst einmal darin, ›Beobachtungsdaten und Vorhersagen zu produzieren und bereitzustellen und vor extremen Wetterereignissen, vor Überschwemmungen und vor Klimaveränderungen zu warnen‹.« Aber der Wetterdienst habe auch die Aufgabe, »Menschenleben und Eigentum zu retten und die Entwicklung der Volkswirtschaft zu unterstützen«. Uccellini zitiert wie hier oft Allan Murphy, einen 1997 verstorbenen Meteorologieprofessor an der Oregon State University, der für seine Eloquenz und sein klares Denken bekannt war. »Vorhersagen haben an sich keinen Wert«, schrieb Murphy. »Sie erhalten Wert, indem sie die Entscheidungen derer beeinflussen, die sie benutzen.«[103] Wichtig ist nicht nur, wie genau die Vorhersagen sind, sondern auch, was wir mit ihnen anfangen.

Warum sehen wir uns die Wettervorhersage an? Wir sind in unterschiedlichem Maß darauf angewiesen und messen ihr abhängig von der Situation unterschiedliche Bedeutung bei, weil sie uns sagen kann, wie sich das Wetter demnächst verhalten wird und wie wichtig das für uns sein wird. »Der einzige Zweck von

Wettervorhersagen ist, den Menschen Entscheidungen zu erleichtern«, schreibt Tim Palmer. »Sollte ein Pendler am Morgen den Regenschirm mitnehmen? Sollte der Gouverneur eines amerikanischen Bundesstaats die Evakuierung einer Küstenstadt anordnen, weil sie wahrscheinlich von einem Hurrikan getroffen werden wird? Sollte der Leiter einer Hilfsorganisation seinen Mitarbeitern die Anweisung geben, einen Hilfseinsatz vorzubereiten, weil in einem Land eine längere Dürrezeit bevorsteht?«

Dass wir die bemerkenswerte Fähigkeit besitzen, solche Fragen zu beantworten, verdanken wir dem Satelliten und dem Supercomputer, der Wetterwarte und dem Physiker. Wir verdanken sie den Hunderten Wissenschaftlern im Europäischen Zentrum für Mittelfristige Wettervorhersage, die eine stetig verbesserte Simulation der Atmosphäre liefern. Aber diese Simulation ist nicht perfekt – und selbst ihre annähernde Perfektion ist zeitlich begrenzt (auf drei, vier, vielleicht fünf Tage …). Die Wettermaschine wird immer leistungsfähiger, und die Herausforderung besteht darin, sie weiterzuentwickeln, um die von ihrem Erfolg geweckten Bedürfnisse zu erfüllen. Hoffentlich wird das rechtzeitig gelingen, um die Bedürfnisse eines verzweifelten Planeten zu erfüllen.

Teil IV

# Bewahrung

# 11

## Die Wetterdiplomaten

Am Morgen des 1. Juli 1776, es war ein Montag, traf Thomas Jefferson im Pennsylvania State House in Philadelphia ein. Die Delegierten des 2. Kontinentalkongresses debattierten seit zwei Monaten über die Zukunft »dieser vereinigten Staaten«, wie Jefferson sie hoffnungsvoll nannte. Sein Entwurf einer »Unabhängigkeitserklärung« war fertig, nun fehlten nur noch das Einverständnis der Delegierten und ihre Unterschriften. Es stand eine anstrengende Woche bevor, die über das Schicksal des Landes entscheiden würde. Umso überraschender, ja sonderbarer war es, dass Jefferson um neun Uhr morgens ein Thermometer zur Hand nahm, um die Temperatur zu messen. Das Instrument zeigte 27,5 Grad Celsius an.

Wie konnte Jefferson in diesem Augenblick großer Entscheidungen über das Wetter nachdenken? Es war kein spontaner Akt: Die Thermometer jener Zeit waren massive Apparate von der Größe eines Kerzenleuchters, mit einer schweren hölzernen Fassung, welche die Glasröhren schützte. Jeffersons Gerät war ganz neu. Er hatte es in der Vorwoche nur wenige Häuserblocks vom Parlament entfernt in der Buchhandlung Sparhawk's gekauft.[104] Es war ein teurer Apparat: Jefferson hatte drei Pfund und fünfzehn Schilling dafür bezahlt, was heute einigen hundert Dollar entspräche.

Wir wissen, dass Jefferson es liebte, neue Vorrichtungen zu kaufen und selbst zu entwerfen. Er hatte einen Tischler beauftragt, einen Drehstuhl und einen tragbaren Schreibkasten für ihn anzufertigen (den er benutzte, um die Unabhängigkeitserklärung zu schreiben). Wie jeder Liebhaber technischer Spielereien wollte Jefferson wahrscheinlich seinen neuen Apparat ausprobieren. Thermometer waren zu jener Zeit selten, und in Amerika wurden sie noch nicht hergestellt. Man kann sich vorstellen, wie sich die anderen Delegierten in den Verhandlungspausen staunend um den Apparat drängten. Benjamin Franklin dürfte ihn sich besonders genau angesehen haben. Der eingefleischte Yankee John Adams verspottete Jefferson möglicherweise, weil er derart viel Geld für eine solche Spielerei verschwendet hatte.

Jefferson notierte die Temperatur an jenem Tag noch ein weiteres Mal: Um sieben Uhr abends lag sie bei 27,8 Grad. In den folgenden zwei Tagen fand er dreimal Zeit, die Temperatur zu messen. Am 4. Juli – man sollte meinen, an diesem Tag wäre er sehr beschäftigt gewesen – fand er Zeit für vier Messungen. Wir lesen oft, am Tag der Unabhängigkeitserklärung habe eine unangenehme Hitze geherrscht, aber aus Jeffersons Aufzeichnungen geht hervor, dass es gemessen an der langjährigen Durchschnittstemperatur im Juli ein durchaus angenehmer Tag in Philadelphia war: Er maß 20 Grad um 6 Uhr morgens, 22,5 Grad um 9 Uhr, 24,5 Grad um 13 Uhr und 23 Grad um 21 Uhr am Abend.

Jeffersons Wetterprojekt begann mit der Geburt der Nation und begleitete ihr Leben fünfzig Jahre lang. Im Jahr 1788 entwarf er ein Thermometer, das »an der Außenseite eines Fensters« aufgehängt werden sollte, und zwar »mit dem Gesicht der Anzeigetafel zum Fenster, damit diese betrachtet werden kann, ohne das Fenster zu öffnen«, wie es in seiner Anweisung an den Instrumentenbauer hieß. Auf seinem Landgut Monticello in Virginia installierte er eine Wetterfahne, die mit einem Kompass im Inneren des Hauses verbunden war, sodass er die Windrichtung bestimmen konnte, ohne das Haus verlassen zu müssen. Als Jefferson im Jahr 1790 von Präsident Washington zum ersten Außenminister der jungen Nation ernannt wurde, zog er nach New York, wo er nach Möglichkeiten suchte, seine Wetterbeobachtungen auszuweiten.

Er hatte zwei Probleme, von denen wir eines noch heute kennen. »Es fällt mir schwer, hier ein erschwingliches Haus zu finden«, schrieb er an seine Tochter.[105] Aber das größere Problem bei seiner Immobiliensuche war, dass sie ihm den Vergleich des New Yorker Wetters mit dem in Virginia erschwerte. »Sobald ich in das Haus einziehe, das ich gemietet habe, würde ich gern die beiden Klimata anhand gleichzeitiger Beobachtungen vergleichen«, schrieb er an seinen Schwiegersohn Thomas Mann Randolph, von dem er sich Unterstützung bei dem Projekt erhoffte.[106]

Deutschland und Frankreich hatten bereits gemeinsame Wetterbeobachtungsnetze eingerichtet, aber es gibt keinen Hinweis darauf, dass Jefferson davon wusste, obwohl er die wissenschaftlichen Entwicklungen in Europa aufmerksam verfolgte. Er versuchte, die technischen Herausforderungen selbst zu bewältigen.[107] »Meine Methode besteht darin, täglich zwei Beobachtungen vorzunehmen, eine möglichst früh am Morgen, die andere zwischen drei und vier Uhr nachmittags, denn ich habe festgestellt, dass es um vier Uhr am heißesten und bei Tagesanbruch am kältesten im Lauf der vierundzwanzig Stunden ist«, schrieb er. »Ich halte die Messungen in einem Elfenbeintaschenbuch in der folgenden

Form fest und kopiere sie einmal wöchentlich. Andernfalls würde sich das Wetter der Aufzeichnung entziehen.« Da er ahnte, dass der 22-jährige Ehemann seiner Tochter möglicherweise unwillig sein würde, erklärte Jefferson erneut den Zweck seines Vorhabens. »Ich teile Dir diese Dinge mit, weil Deine Beobachtungen demselben Plan folgen sollten, damit sie einen richtigen Vergleich zwischen den beiden Klimata ermöglichen.«

Im Jahr 1997 hatte Jefferson sein Vorhaben zur Wetterbeobachtung ausgeweitet. In einem Brief an den französischen Philosophen und Politiker Constantin François de Chassebœuf spekulierte er über ein größeres Beobachtungssystem, das sich über das ganze Territorium der jungen Nation erstrecken sollte: »Da ich mittlerweile zahlreiche Bekannte überall in diesem Staat habe, möchte ich in jedem seiner Länder eine Person beauftragen und ihr ein Thermometer geben, damit sie ein Jahr lang zweimal täglich bei Sonnenaufgang und um vier Uhr nachmittags (dem kältesten und dem wärmsten Punkt in vierundzwanzig Stunden) die Temperatur und den Wind beobachtet und mir ihre Beobachtungen am Ende des Jahres übermittelt.«[108]

Es ging Jefferson nicht um eine Vorhersage des Wetters. Er durfte nicht erwarten, seine Beobachtungen schneller weiterleiten zu können, als sich die Stürme bewegten. (Er starb ein Jahrzehnt vor den ersten Experimenten mit der Telegrafie.) Doch er nahm intuitiv eine umfassendere Erkenntnis vorweg, die noch heute Bestand hat: Das Wetter verbindet die Welt. Seine Beobachtungen waren nicht nur ein wissenschaftliches, sondern auch ein politisches Projekt.

Das gilt für jede Wetterbeobachtung. Seine mit Thermometern ausgerüsteten Helfer konnten ihre Instrumente einsetzen, um die geografischen Bestandteile der Nation miteinander zu verknüpfen.

Es war eine klassische Jefferson'sche Erkenntnis, die das Politische mit dem Natürlichen, das Individuelle mit dem Kollektiven verband. Er erkannte, dass wir in einer Welt leben, die von Grenzen durchzogen ist, aber von einer grenzenlosen Atmosphäre umfangen wird.

Wir leben weiterhin in dieser Welt. Seit anderthalb Jahrhunderten versuchen die Internationale Meteorologieorganisation und ihre Nachfolgerin, die Wetterdiplomaten der Weltorganisation für Meteorologie (WMO), die Spannung zwischen der fließenden Atmosphäre der Erde und den feststehenden politischen Grenzen zu bewältigen. Diese Diplomaten waren die Adressaten von John F. Kennedys Aufruf zur Errichtung eines globalen Wetterbeobachtungssystems, und sie haben sich in den vergangenen Jahrzehnten der Errichtung und Aufrechterhaltung dieses Systems gewidmet. Aber die Herausforderung besteht heute genau wie zu Jeffersons Zeit darin, die Koalition zusammenzuhalten. Eine globale Wettermaschine ist nicht selbstverständlich. Wie wird gewährleistet, dass sie weiterläuft, insbesondere in einer Zeit, in der sie aufgrund der Veränderung des Weltklimas und extremer neuer Wetterphänomene unverzichtbar geworden ist?

Alle vier Jahre versammeln sich die Wetterdiplomaten in einem Konferenzzentrum in Genf zu ihrem »Kongress«, wie das Treffen genannt wird, das fast einen Monat dauert.[109] Die behandelten Themen sind vielfältig, aber im Mittelpunkt der Gespräche steht stets der alte Traum vom internationalen Austausch der Wetterdaten. Seit dem 4. Kongress im Jahr 1963 wird der internationale Datenaustausch insbesondere im Rahmen des Programms World Weather Watch gefördert. Aber auf dem 17. Kongress im Jahr 2015, an dem Delegierte aus 191 Staaten und Territorien teilnahmen, wurde über die Bedingungen debattiert, unter denen dieser Austausch stattfinden sollte. Die Entwicklung des globalen Datensystems hatte einen kritischen Punkt erreicht.

Vor einem halben Jahrhundert flossen die Wetterdaten normalerweise in einer weltumspannenden Matrix in alle Richtungen. Sogar die frühen Satellitendaten, die ausschließlich von den Supermächten gesammelt wurden, wurden in aller Welt verteilt. Ab 1966 übertrug der amerikanische Satellit ESSA-2 automatisch Echtzeitbilder an alle Länder, die über geeignete Empfangsgeräte verfügten. Die Meteorologen vor Ort konnten diese Bilder und die systematisch ausgetauschten herkömmlichen Beobachtungsdaten augenblicklich für lokale Vorhersagen nutzen. Genau das war das Ziel der Bemühungen. »Wir beobachten nicht um der Beobachtung willen«, erklärte Dr. Sue Barrell, die stellvertretende Leiterin des australischen Bureau of Meteorology. »Wir sammeln die Daten, weil wir sie zum Nutzen der Allgemeinheit nutzen können.«

Aber die zentralen Dienste – Wettervorhersagen, Wetterwarnungen und andere Analysen – beruhen nicht auf der Arbeit der lokalen Vorhersageexperten, sondern auf den Ergebnissen der globalen Wettermodelle. Mit dieser Verschiebung hat sich auch die Art und Weise geändert, wie die Daten international ausgetauscht werden. Früher sah eine grafische Darstellung der Datenströme aus wie ein Spinnennetz, in dem jeder Ort durch Linien mit allen anderen Orten verbunden war. Der heutige Datenstrom wirkt eher wie der Streckenplan einer internationalen Fluglinie: Einige Hauptstädte verschicken sehr viel mehr Information, als sie empfangen. Was in der Vergangenheit eine Struktur des Datenaustauschs war, in der viele Beteiligte Informationen an viele andere weitergaben, hat sich mittlerweile in einen sehr viel kleineren Club verwandelt.

Da der Einfluss der Modelle auf die Vorhersagen steigt, kommen diese aus immer weniger Quellen. Die nützlichsten Daten, die von den Wettersatelliten geliefert werden, sind oft auch die komplexesten. Insbesondere die quantitativen Daten der Instrumente, die an Bord von Satelliten wie den Metop-Geräten von EUMETSAT in erdnahen Umlaufbahnen über die Pole kreisen, sind unverzichtbar für die Wettermodelle, aber für kleinere Wetterdienste, die keine eigenen Modelle erstellen, sind sie kaum von Nutzen. Wie in so vielen Bereichen wird die Welt auch in diesem gespalten, und die Kluft wächst.

Fast jedes Land hat einen Wetterdienst, und das ist seit einem Jahrhundert so. Die WMO bezeichnet diese Einrichtungen als »nationale meteorologische und hydrologische Dienste« (NMHS). Die wichtigste Funktion dieser Dienste im internationalen System besteht darin, das Wetter zu beobachten und ihre Daten in den sorgfältig strukturierten Netzwerken des World-Weather-Watch-Programms auszutauschen. Aber Komplexität und Umfang der quantitativen Satellitendaten haben eine neue Hierarchie der Staaten und ihrer Wetterdienste ausgebildet.

An der Spitze dieser Hierarchie stehen die großen Dienste, die über ausreichende Sachkenntnis und finanzielle Mittel verfügen, um eigene Wettermodelle (oder sogar eigene Satelliten) betreiben zu können, während die Wetterdienste der kleineren Länder, die von ihnen abhängen, eine nachrangige Funktion erfüllen. Die schnelle, umfassende und oft kostenlose Verbreitung von Wettervorhersagen über das Internet verdeckt die Realität, dass die Vorhersagen in aller Welt zunehmend auf ein eng eingegrenztes System angewiesen sind. Es ist eine beunruhigende Erkenntnis, dass diese Entwicklung dem generellen Wandel in der Nutzung der Technologie entspricht. Wenn die Weather Company ihre globalen Vorhersagen an Facebook verkauft und Facebook die wichtigste Informationsquelle eines Landes ist, was bedeutet das für den Wetterdienst dieses Landes?

Ähnliche technologische Veränderungskräfte wirken auf die Beobachtungsnetze. Milliarden winziger Temperatur- und Luftdrucksensoren in Smartphones, Haushaltsgeräten, Gebäuden, Bussen oder Flugzeugen könnten zu einer echten Konkurrenz für das Netz der sorgfältig konstruierten Wetterstationen des Regionalen Synoptischen Basisnetzwerks werden. Noch ist es nicht so weit, und die technologischen Hürden sind bisher überwindlich. Aber es gibt auch eine diplomatische Hürde: Wem würden die Daten gehören?

Die staatlichen Wetterdienste tauschen seit 150 Jahren ihre Daten aus und stellen ihre Dienstleistungen kostenlos zur Verfügung. Aber wenn die Wetterbeobachtung auf private Netzwerke übergeht und von den Googles, IBMs und Amazons dieser Welt gebündelt wird, ist zu erwarten, dass diese Offenheit verloren gehen wird. Die Wettermaschine beruht auf einer Idee der internationalen Kooperation, die aus der Mode gekommen ist. Viele ihrer interdependenten Bestandteile hatten ihren Ursprung in kolonialen Strukturen. Jetzt versuchen multinationale Technologieunternehmen, eine neue Struktur für Besitz und Austausch der Daten zu schaffen. Wie wird sich die Wettermaschine einer andersartig vernetzten Welt anpassen?

Fest steht, dass sie sich anpassen muss, denn wir brauchen Wettervorhersagen mehr denn je. Bei jedem neuen WMO-Kongress rücken die Auswirkungen des Klimawandels in der Agenda nach oben. Auf dem 17. Kongress waren sämtliche Delegationen entschlossen, sich auf dieses Problem zu konzentrieren. Wie es der damalige UNO-Generalsekretär Ban Ki-moon in einer Videobotschaft ausdrückte (die über einem mit einem Wolkenbanner geschmückten Podium auf einem großen Bildschirm übertragen wurde): »Der globale Thermostat zeigt weiter und weiter nach oben, und die meteorologischen Dienste sind heute wichtiger als je zuvor.«

Die neuen Wetterextreme zwingen uns, größere Anstrengungen zu unternehmen, um die Kluft zwischen den Ländern zu verringern und uns bewusst zu machen, dass das Wetter die gesamte Menschheit betrifft. »Die meteorologische Gemeinschaft ist fest von der Notwendigkeit der internationalen Kooperation überzeugt, die sich aus der globalen Natur der Erdatmosphäre ergibt«, erklärte mir John Zillman, ein ehemaliger Leiter des australischen Wetterdienstes. Aber dem Bekenntnis zum friedlichen Miteinander steht die düstere Erkenntnis gegenüber, dass die Erdatmosphäre in der Zukunft Umwälzungen und Konflikte verursachen wird.

Der Plenarsaal im Palais des Congrès, einem brutalistischen Gebäude im Herzen des Genfer Botschaftsbezirks, hat die Ausmaße einer Konzerthalle. Zumindest an diesem Ort herrscht völlige Gleichheit: Unabhängig von der Größe ihres Landes hat jede Delegation Anspruch auf vier lederbezogene Drehstühle in einer der langen Tischreihen. An jedem Platz findet man ein Namensschild, das passenderweise in der schweizerischen Helvetica gedruckt ist. Da die Plätze alphabetisch nach der französischen Bezeichnung der Länder zugeteilt werden, ergibt sich eine verblüffende Sitzordnung: Die Delegation der Etats-Unis sitzt zwischen denen von Estonie und Ethiopie und nicht weit entfernt von der des Iran. Beim Anblick von Meteorologen aus aller Welt, die sich mit einem gemeinsamen Ziel versammelt hatten, wurde verblüffend deutlich, dass wir nur diese eine Welt haben: Dies ist unser einziger Planet, unsere einzige Heimat.

An der Spitze jeder nationalen Delegation stand ihr »ständiger Vertreter«, der in den meisten Fällen auch der Leiter des jeweiligen nationalen Wetterdienstes war. Eine Ausnahme bildeten die Vereinigten Staaten, und das nicht erst seit ihrem von Präsident Trump eingeleiteten Rückzug aus der internationalen Gemeinschaft: Der National Weather Service hatte nicht seinen Direktor, sondern dessen Stellvertreter geschickt, eine Geste, die weltweit als Zeichen der Geringschätzung für die meteorologische Gemeinschaft gedeutet wurde. Zum Ausgleich – oder vielleicht zur Betonung der arroganten Geste – steuerten die Vereinigten Staaten 20 Prozent des WMO-Budgets bei, mehr als doppelt so viel wie der zweitgrößte Geldgeber (Japan) und dreimal so viel wie andere G-7-Staaten wie Frankreich und Deutschland. (Der Finanzierungsschlüssel entspricht dem der UNO.)

Die reichsten Wetternationen hatten für die Dauer des Kongresses Büros im Palais des Congrès gemietet. Bei meinem Besuch sah ich im Flurfenster des britischen Büros einen Union Jack hängen. Die Amerikaner hatten die Tische in ihrem Büro zu einem einzigen großen Tisch angeordnet, auf dem sich Chips und Kekse türmten. Mit Ausnahme der Delegationen Saudi-Arabiens und der Vereinigten Arabischen Emirate, deren Mitglieder in die traditionelle weiße Tunika gehüllt waren, trugen sämtliche Delegierte – Männer und Frauen – dunkle Anzüge. Aber so eintönig und zurückhaltend die Kleidung war, so vielfältig und enthusiastisch waren die Begrüßungen: Händeschütteln und Verbeugungen, zwei oder drei Küsse auf die Wangen, Schulterklopfen und regungslose Gesichter. Dies war tatsächlich eine internationale Gemeinschaft, was die Angelegenheit sehr spannend machte.

Ich fand einen freien Platz in der letzten Reihe. Vor mir saß der Vertreter des Heiligen Stuhls, der Beobachterstatus hatte, da der

Vatikan keinen eigenen Wetterdienst hat. Neben seinem Note-book lag ein Mousepad in Form eines winzigen Perserteppichs. Der Kongress war ein Marathon: Er tagte drei Wochen lang an sechs Tagen, und die Sitzungen dauerten an Wochentagen von neun Uhr morgens bis halb sechs am Nachmittag; am Samstag wurde schon mittags Feierabend gemacht. Wenn eine Delega-tion das Wort ergreifen wollte, drückte eines ihrer Mitglieder einen Knopf auf einem kleinen Bildschirm auf dem Tisch; wenn ein grünes Licht aufleuchtete, hatte sie das Wort. Die Dolmet-scher saßen in verglasten Kabinen ganz oben im mehrstufigen Saal. Ungeachtet der Sprache, die gerade gesprochen wurde, setz-ten die Teilnehmer nie ihre Kopfhörer ab, weshalb es sehr ruhig im Saal war.

Hatte man sich früher in Genf in erster Linie auf die Koordi-nierung der Wetterbeobachtung konzentriert, so ging es vielen Delegierten auf dem 17. Kongress offenkundig vor allem darum, dafür zu sorgen, dass die neue Weltordnung funktionierte und die Wettermaschine weiter auf vollen Touren lief. Wie in den Ver-einten Nationen insgesamt hatte die wirtschaftliche Abhängigkeit größeren Einfluss auf Bündnisse und Prioritäten als die geografi-sche Nähe. Die kleineren Länder, insbesondere jene, die sich mit neuen Klimaextremen konfrontiert sahen, waren mehr denn je auf die Satelliten und Wettermodelle der größeren und reicheren Länder angewiesen. Der Leiter des Wetterdienstes von Madagas-kar zeichnete ein erschreckendes Bild von den »natürlichen Kata-klysmen«, unter denen sein Land litt. »Angesichts von Zyklonen und Dürrekatastrophen«, erklärte er auf Französisch, »scheut die Regierung keine Anstrengungen, um *mit der wertvollen Unter-stützung der internationalen Gemeinschaft*« – er betonte diese Worte – »die Notlage der Bevölkerung zu lindern, die unter dem

Verlust von Menschenleben, überfluteten Feldern und beschädigten Infrastrukturen leidet.« Der Umweltminister von Kap Verde wies darauf hin, dass dies der Tag der Afrikanischen Einheit war, und forderte größere Aufmerksamkeit für die »kleinen Entwicklungsländer auf Inseln«. Manche Delegierte traten souverän auf, während andere mit unübersehbar zitternden Händen den Knopf auf ihrer Übersetzungskonsole drückten. Der Vertreter Namibias nutzte seine Sprechzeit für eine Danksagung: »Da Namibia zum ersten Mal teilnimmt, möchten wir der Schweiz unseren Dank für den freundlichen Empfang ausdrücken.«

An einem Tag las ein Mitarbeiter des WMO-Sekretariats (des Genfer Büros, das die Entscheidungen des WMO-Rats umsetzt) vor dem Mittagessen einen Tweet der italienischen Astronautin Samantha Cristoforetti vor, die zu jenem Zeitpunkt an Bord der Internationalen Raumstation um die Erde kreiste. »Unsere Atmosphäre ist faszinierend und beeindruckend, und sie zu verstehen ist eine Herausforderung.« Ein Saal voller Menschen in dunklen Anzügen und mit Kopfhörern winkte in eine kleine Kamera auf der großen Bühne, die ein Foto schoss, das als Antwort auf die Grußbotschaft in den Weltraum geschickt wurde. Auf den ersten Blick wirkte das wie ein oberflächlicher Social-Media-Moment, aber im Nachhinein wurde mir klar, dass es ein aussagekräftiger Augenblick war: diese direkte Verbindung zu einer Wissenschaftlerin, die aus dem Weltraum auf die Erde herabschaute, diese Verbindung zum Urprinzip der Wettermaschine.

Die Wetterdiplomatie mag komplex sein, aber ihr gesellschaftlicher Nutzen ist in jedem Land der Erde greifbar. Die Wetterdienste verringern die Auswirkungen von Naturkatastrophen auf die Menschheit, machen den Verkehr sicherer und senken seine Kosten. Sie helfen uns dabei, die natürlichen Ressourcen nachhaltiger zu nutzen. Die WMO schätzt den wirtschaftlichen Wert der Wettervorhersagen auf mehr als 100 Milliarden Dollar im Jahr; die Kosten der Bereitstellung dieser Dienste machen nur ein Zehntel dieses Betrags aus. Man kann sich das System als »das erfolgreichste internationale System der dauerhaften globalen Kooperation zum Wohl der Menschheit« vorstellen, »das jemals in der Wissenschaft oder auf irgendeinem anderen Gebiet entwickelt worden ist«, wie es Zillman ausdrückt.[110] Die im Palais des Congrès versammelten Delegierten verkörperten »eines der am umfassendsten genutzten und wertvollsten öffentlichen Güter der Welt« – eine Aussage, der man kaum widersprechen kann, auch wenn sie nur selten zu hören ist. Die Meteorologen, Wissenschaftler, Minister und Bürokraten aus allen Winkeln der Erde wollten dieses System unbedingt aufrechterhalten. Aber die Tweets, die feierliche Stimmung und der freundliche Ton der Diskussionen konnten nicht verdecken, dass dieses System mit einer großen Herausforderung konfrontiert war.

Der Kongress hatte schon zwei Jahrzehnte früher mit dem Problem zu kämpfen gehabt, wie die veränderte Natur der Datenströme zu bewältigen war. Insbesondere die in den Neunzigerjahren weltweit beliebte Privatisierung von öffentlichen Diensten hatte einige Wetterdienste dazu bewogen, mit dem Verkauf der meteorologischen Daten zu beginnen, die sie mehr als hundert Jahre lang kostenlos weitergegeben hatten. Nach einer kontrovers geführten Debatte hatten die WMO-Mitglieder die Resolution 40 entworfen, eine Grundsatzvereinbarung, die alle Mitgliedstaaten verpflichtete, »grundlegende Daten kostenlos und unbeschränkt« zur Verfügung zu stellen. In einer Zeit, in der sich infolge des Zusammenbruchs der Sowjetunion neue Allianzen bildeten, bot die Resolution 40 eine Gelegenheit, die »weltweite Kooperation zur Errichtung von Beobachtungsnetzwerken« als grundlegende Verpflichtung aller WMO-Mitglieder zu bekräftigen.

Aber seit damals hatte sich die Definition dessen, was als »grundlegend« zu bezeichnen war, parallel zu den verschiedenen Methoden der Wetterbeobachtung weiterentwickelt. In der Sitzung zum Thema »Umgang mit frei zugänglichen Daten und Auswirkungen auf die WMO-Interessengruppen« trat die Diskussion in eine kritische Phase ein. Zur Debatte standen drei miteinander verbundene Fragen unter den Schlagworten: Open Data, Big Data und Crowd Sourcing. Die Aussicht auf die Sammlung großer Mengen von Beobachtungsdaten von winzigen Sensoren durch große Technologieunternehmen wurde als besonders bedrohlich empfunden. Die technisch orientierten Diskussionsteilnehmer machten sich Sorgen über die Qualität. Die WMO schrieb traditionell hochwertige Beobachtungsdaten vor, um Einheitlichkeit und Genauigkeit zu gewährleisten: Windmessungen mussten in einer bestimmten Höhe vorgenommen werden, Thermometer mussten auf eine bestimmte Art geschützt und Messstationen richtig platziert werden, um zu vermeiden, dass sie extremer Sonnenstrahlung oder ungewöhnlich starkem Wind ausgesetzt waren.

Wenn das globale Beobachtungssystem seine Tore für Daten aus beliebigen Quellen öffnete, die von Privatunternehmen gesammelt und ausgewertet werden konnten, dann musste man herausfinden, wie diese Daten verarbeitet und geteilt werden konnten. Milliarden neue Sensoren, privat betriebene Satelliten und neue Möglichkeiten zur Datenaggregation nach dem Vorbild Googles würden das Beobachtungssystem in seiner gegenwärtigen Form – stark strukturiert, sorgfältig zusammengesetzt und kodifiziert, global, gemeinsam genutzt und in erster Linie von staatlichen Einrichtungen betrieben – zwangsläufig bedrohen.

Ironischerweise bremsten die Kosten und die Komplexität des bestehenden Satellitensystems Vorstöße in diese Richtung: Die Satelliten waren immer noch die wichtigste Datenquelle für die Modelle. Aufgrund der Komplexität der Satelliten und ihrer Instrumente konnten die Modelle nur langsam und gezielt geändert werden, weshalb einigermaßen sicher war, dass sich so schnell nichts ändern würde. Doch die Spannung in der WMO, die eine Antwort auf diese neuartige private Datensammlung per Crowd-Sourcing finden musste, sagt einiges über den umfassenderen technologischen Wandel außerhalb der Meteorologie.

Wie kann eine von staatlichen Behörden gebildete Organisation, die sich zum freien Datenaustausch bekennt und auf einer globalen Betrachtung beruht, in einer Welt funktionieren, in der sich immer mehr Menschen ihre Information vorzugsweise auf privaten Plattformen beschaffen und sich in privaten Netzwerken bewegen? Wie so vieles in diesem Jahrzehnt sind die technologischen Veränderungen unvereinbar mit dem Konzept der WMO und der Weltordnung, für die sie steht.

Dem WMO-Präsidenten David Grimes bereitete diese Frage Kopfzerbrechen. Die WMO hat zwei Führungsfiguren. Der Generalsekretär, der das WMO-Sekretariat in Genf leitet, übt eine Vollzeittätigkeit aus und bezieht ein Gehalt dafür, dass er die vom Kongress beschlossenen Maßnahmen umsetzt. Grimes hingegen leitete hauptberuflich den kanadischen Wetterdienst und hatte als WMO-Präsident die Aufsicht über die Beratungen des Kongresses. Es war bewundernswert, wie er die Diskussion im Saal lenkte. »Exzellenzen, meine Damen und Herren, Kollegen!«, rief er, wenn die Debatte übermäßig hitzig wurde, wobei er gelegentlich mit seinem Hammer aus Ahornholz auf den Tisch schlug.

Wenn es Meinungsverschiedenheiten gab oder wenn sich im Saal Frustration ausbreitete, wandte sich Grimes nie direkt an die Versammlung, sondern erteilte wie ein geduldiger Lehrer einfach dem nächsten Land in der Warteschlange auf seiner Konsole das Wort. »Ist das in Ordnung?«, fragte er in der Hoffnung auf einen Kontrapunkt. »Akzeptabel. In Ordnung.« Manchmal lenkte er die Diskussion in eine andere Richtung, da die Sitzung vorankommen musste oder weil ihm klar war, dass noch weitere Schlachten auszufechten waren. »Ich weiß nicht, ob es angemessen ist, das in den Beschluss aufzunehmen«, sagte er sanft, wenn über eine Detailfrage gestritten wurde. »Es geht nicht darum, ob es sein soll oder nicht«, sagte er einmal. »Es geht darum, ob es hierhin oder dorthin gehört.« Es war eine subtile Diplomatie. Alle paar Stunden forderte er die Versammlung zu einem »Seventh Inning Stretching« auf, zu »Dehnungsübungen zwischen den Spielrunden«, womit er stets Gelächter auslöste.

In einer Pause setzte er sich in dem Büro im Obergeschoss des Kongresspalasts, das er für die Dauer der Versammlung bezogen hatte, mit mir zusammen. Er ließ keinen Zweifel daran, wie wichtig es ihm war, dass das bestehende System für den Datenaustausch erhalten blieb. »Die Technologie entwickelt sich so rasant, dass wir unsere Systeme nicht schnell genug anpassen können, um die Fortschritte zu bewältigen«, sagte er. Aber diese Feststellung enthielt implizit ein hoffnungsvolles »Und dennoch …«.

In der Frühzeit der WMO hatte ihre Hauptaufgabe darin bestanden, die an bestimmten Orten auf der Erde gesammelten Beobachtungsdaten zu bündeln. Nachdem die ersten Wettersatelliten in den Weltraum geschossen worden waren, kamen die Daten nicht mehr nur aus souveränen Staaten, sondern lieferten unter Einsatz der Werkzeuge bestimmter Länder – reicher

Länder – ein Bild der Erde von oben. Und als die Satellitendaten um quantitative Beobachtungsdaten erweitert wurden, mussten sie in globale Wettermodelle integriert werden, um nützlich zu sein.

»Nehmen wir an, wir haben Daten zum Wasserdampf, zum Feuchtigkeitsgehalt, zur Ozonkonzentration und dergleichen mehr«, sagte Grimes, um sein Argument anhand eines Beispiels zu erklären. Die Werte wurden von der gegenwärtigen Instrumentengeneration in globalem Maßstab gesammelt, aber ihr Nutzen war sehr viel enger begrenzt. Er hing von einer intensiven Computerauswertung ab. »Die Wahrheit ist, dass ein kleiner Wetterdienst keine Chance hat, diese Teile zusammenzusetzen«, erklärte Grimes. »Aber wenn man ein Modellierungszentrum hat, kann man es tun.« Die Komplexität der Wetterdaten war mittlerweile nur noch mit umfangreichen Ressourcen zu bewältigen. Wie würde sich die WMO also in der kommenden Ära von Daten und Modellen entwickeln?

Grimes dachte über die Risiken und Chancen nach und fragte sich, welche Wege man einschlagen konnte. In einer den neuen Datentypen gewidmeten Sitzung des Kongresses hatte er den mit diesem Thema befassten Arbeitsausschuss aufgefordert, die Frage umfassend zu stellen und den internationalen Austausch in der nächsten Generation neu zu definieren, um ihn der neuen Datenlage anzupassen. »Ich sagte ihnen, sie sollten nicht einfach ein Papier über Big Data schreiben, das ich mir auch bei Google herunterladen konnte«, sagte er. »Das wird nicht hilfreich sein.«

Stattdessen musste man eine konzertierte Anstrengung unternehmen, um das System neu zu definieren – es musste ebenso eine diplomatische wie eine technologische Anstrengung sein. Das schien keine allzu anspruchsvolle Bestrebung zu sein, aber

ihm ging es darum, den Zusammenhalt der nationalen Wetterdienste zu erhalten. Diplomatische Fortschritte konnten nur langsam erzielt werden, Sitzung für Sitzung, Beschluss für Beschluss.
»Man muss dafür sorgen, dass sich alle Beteiligten wohlfühlen,
wenn sie aufeinander zugehen«, sagte er. »Man muss ihnen das
Gefühl geben, dass sie davon profitieren werden.«

An jenem Abend waren wir alle Gewinner. Diplomatie bedeutete
Partys, besser gesagt Empfänge. Die größten dieser Empfänge
wurden von den Delegationen ausgerichtet, die einen Kandidaten
für das Amt des Generalsekretärs ins Rennen geschickt hatten.
Der Leiter des finnischen Meteorologischen Instituts, Petteri Taalas, war der aussichtsreichste Bewerber. Er trat gegen den gegenwärtigen stellvertretenden Generalsekretär Jeremiah Lengoasa
aus Südafrika an. In den Apartheidjahren war Südafrika aus der
WMO verbannt gewesen, und nun stellte die Delegation des Landes bei einem Mittagsempfang im Palais des Congrès Lengoasa
vor, rückte seine Leistungen ins rechte Licht und versuchte, den
Gästen klarzumachen, was seine Ernennung für Südafrika bedeu-
ten würde. Lengoasa präsentierte sich als Kandidat, der »auf den
staubigen Straßen Sowetos« aufgewachsen war, wie er selbst sagte.
Aber auf den Fluren hörte man allenthalben, dass seine Kandida-
tur kaum Aussicht auf Erfolg hatte.

Als wollten sie die Favoritenrolle ihres Kandidaten unter-
streichen, hatten die Finnen ein Ausflugsboot für eine Rundfahrt
mit Abendessen auf dem Genfer See gemietet und jedermann
eingeladen. Die Warteschlange zog sich über den Kai, und Taalas schüttelte jedem Gast, der an Bord ging, persönlich die Hand.
Hier war die gesamte diplomatische Wettergemeinschaft versammelt, heiter und gesprächig, und tat sich an Hackbällchen

und Kartoffeln gütlich, die auf schweren Servierplatten gereicht wurden.

Das war eigentlich nicht, was ich erwartet hatte, als ich nach Genf gekommen war, um die Wettermaschine besser zu verstehen, aber es war durchaus passend. Diese globale Infrastruktur war wie alle Infrastrukturen nach dem Bild ihrer Schöpfer geschaffen worden. Sie war ein Produkt der internationalen Ordnung, und die Rituale des Kongresses dienten wie in den vorangegangenen drei Generationen dazu, den Status quo des Datenaustauschs zu verteidigen.

Konkret machen langfristige Wettervorhersagen eine umfassendere Datensammlung erforderlich. Es gibt keine viertägige Wettervorhersage ohne Beobachtungen aus allen vier Himmelsrichtungen. Für ein kleines Land – und sogar für ein großes, das eigene Wettersatelliten im Weltraum hat – ist es leicht, auf das zu verweisen, was es im Gegenzug für seine Beiträge zum globalen Beobachtungssystem erhält. Das ist entscheidend für das gesamte Vorhaben: Kein Land kann das Wetter allein innerhalb seiner eigenen Grenzen betrachten. Besser gesagt, möglich wäre das schon, aber man würde auf diese Art nicht weit kommen: Das Wetter jenseits des – räumlichen wie zeitlichen – Horizonts wird immer eine Überraschung sein. Die Wettermaschine muss ein globales System sein, anders wird sie nicht funktionieren. Sie beruht auf einem Gleichgewicht zwischen dem, was jeder nationale Wetterdienst für sein Land tut, und dem, was er zum System jenseits seiner Grenzen beiträgt. Wir sind viele Länder auf einem Planeten.

Doch wir müssen gegen einen auffrischenden technologischen Wind ankämpfen. Die wichtigsten Wetterbeobachtungen werden zunehmend von der kleinen Gruppe von Ländern gesammelt, die

Satelliten besitzen. Und die wichtigsten Vorhersagen werden von der ebenso kleinen Gruppe von Ländern (oder von Ländergruppen) geliefert, die Wettermodelle betreiben. Wie lange wird das gegenwärtige System des Datenaustauschs zwischen den Ländern noch Bestand haben? Wie lange wird es noch dauern, bis es von einem System globaler Technologiekonzerne verdrängt wird, die sich ihrerseits oft wie Staaten verhalten?

Die Wettermaschine ist eine der letzten Bastionen der internationalen Zusammenarbeit. Sie bringt Nachrichten hervor, die zu den wenigen zählen, die nicht durch kommerzielle Interessen, durch Werbung, durch Voreingenommenheit oder Falschmeldungen verzerrt werden. Sie ist eines der technologischen Weltwunder. Angesichts einer nahenden Ära, in der unser Planet von Stürmen, Dürreperioden und Fluten heimgesucht werden wird, die unsere Weltordnung erschüttern, wenn nicht zerstören werden, ist die Existenz der Wettermaschine ein gewisser Trost.

Eine Woche nach dem Ausflug auf dem Genfer See wurde Petteri Taalas zum Generalsekretär gewählt und übernahm die Leitung der ständigen Bürokratie der WMO. Das Schiff der Wetterdiplomaten war weiterhin auf Kurs.

# Dank

Dieses Buch verdankt seine Existenz ungewöhnlich günstigen Umständen: von begeisterungsfähigen und geduldigen Lektoren, einer scharfsinnigen Agentin und der beharrlichen Unterstützung meiner Familie. Ich bin dankbar dafür, Zeit und Raum zum Schreiben gefunden zu haben, und ich hoffe, dass dieses Buch das Vertrauen rechtfertigt, dass mir all diese Menschen entgegengebracht haben. Bei Ecco waren Daniel Halpern, Miriam Parker, Dominique Lear, Emma Janaskie, Denise Oswald und Hilary Redmon die Leuchtturmwärter, die verhinderten, dass dieses Projekt auf ein Riff lief, und es sicher ans Ziel leiteten. Seit fast einem Jahrzehnt profitieren mein Schreiben und Denken von den subtilen und präzisen Hinweisen Will Hammonds von Bodley Head in London. Ich bin dankbar für die anhaltende Unterstützung, die mir Jim Gifford bei HarperCollins in Toronto und Britta Egetemeier sowie Julia Hoffmann beim Penguin Verlag in München gewährt haben. Meine Agentin Zoë Pagnamenta besitzt die verblüffende Fähigkeit, im richtigen Augenblick das Richtige zu tun, und Alison Lewis ist gleichermaßen präzise und unermüdlich.

Robert Pincus, mein Cloud-Wissenschaftler in der Nachbarschaft, war ein unverzichtbarer Tutor und Mentor, der mir den

Weg zu zahlreichen Türen wies (und viele von ihnen öffnete). Meine Eltern Diane und Ron Blum könnten eine Vorlesung darüber halten, wann man nach dem Fortschritt eines Buches fragen sollte und wann nicht. Phoebe und Micah haben mich mit ihrer Liebe zu Büchern und dem Lesen täglich daran erinnert, warum ich schreibe. Und dieses Buch existiert nur aufgrund der Klarheit, die Davina im Denken und in der Liebe besitzt.

# Anmerkungen

## Vorwort

1 Michael Espiritu, Uday Patil, Hannaise Cruz, Arpit Gupta, Heideh Matterson, Yang Kim, Martha Caprio und Pradeep Mally, »Evacuation of a Neonatal Intensive Care Unit in a Disaster: Lessons from Hurricane Sandy«, in: *Pediatrics* 134, Nr. 6 (2014), http://pediatrics.aappublications.org/content/134/6/e1662.

2 National Oceanic and Atmospheric Administration (NOAA), »Service Assessment: Hurricane/Post-Tropical Cyclone Sandy, October 22–29, 2012«, U.S. Department of Commerce, National Oceanic and Atmospheric Administration, National Weather Service (Mai 2013), https://www.weather.gov/media/publications/assessments/Sandy13.pdf.

3 P. Bauer, A. Thorpe und G. Brunet, »The quiet revolution of numerical weather prediction«, in: *Nature* 525, Nr. 7567 (2015): 47–55, https://doi.org/10.1038/nature14956.

## 1 Die Berechnung des Wetters

4 Wer sich für die Geschichte der amerikanischen Meteorologie interessiert, kommt nicht um die erschöpfende Darstellung James Rodger Flemings vom Colby College herum. Ich habe mich auf seine bahnbrechende Untersuchung zur Meteorologie des 19. Jahrhunderts sowie auf seine neuere Studie über Vilhelm Bjerknes und Harry Wexler gestützt (der eine wichtige Rolle in Kapitel 4 spielt). In Oslo beantworteten Anton Eliassen, Yngve Nilsen und Gabriel Kielland vom Meteorologischen Institut bereitwillig alle

meine Fragen. Ich danke auch Heidi Lippestad dafür, dass sie den Kontakt zu diesen Experten herstellte. Einar Sneve Martinussen und Jorn Knutsen von der Architektur- und Designhochschule in Oslo verdanke ich eine unterhaltsame und kenntnisreiche Führung durch das örtliche Netz von Wetterstationen. Ich hatte nicht nur das Glück, auf *Appropriating the Weather*, Robert Marc Friedmans ausgezeichnete Biografie von Bjerknes zurückgreifen zu können, sondern verdanke ihm auch frühe Ermutigung zur Erkundung der Materie. Und ich hätte keine sachkundigeren (und geduldigeren) Tutoren auf dem Gebiet von Zirkulationstheorie und primitiven Gleichungen finden können als Adrian Simmons und Alan Thorpe vom Europäischen Zentrum für mittelfristige Wettervorhersage; die Verantwortung für etwaige Fehler in der Darstellung trage selbstverständlich ich.

5  James Rodger Fleming, *Meteorology in America, 1800–1870* (Baltimore: John Hopkins University Press, 1990), S. 143.

6  Ebd.

7  Ebd.

8  James Gleick, *The Information: A History, a Theory, a Flood* (New York: Vintage Books, 2012), S. 148.

9  Ebd., S. 147.

10  John Ruskin,»Remarks on the Present State of Meteorological Science«, in: *Transactions of the Meteorological Society* (1839), S. 56–59, zitiert in: Paul N. Edwards,»Meteorology as Infrastructural Globalism«, in: *Osiris* 21 (2006): 229–250, https://doi.org/10.1086/507143.

11  Fleming, *Meteorology in America*, S. 141.

12  Ebd., S. 143.

13  Mark Monmonier, *Air Apparent: How Meteorologists Learned to Map, Predict, and Dramatize Weather* (Chicago: Univ. of Chicago Press, 1999), S. 41.

14  Lee Sandlin, *Storm Kings: The Untold History of America's First Tornado Chasers* (New York: Pantheon Books, 2013), S. 77.

15  Zitiert in: Peter Moore, *The Weather Experiment: The Pioneers Who Sought to See the Future* (New York: Farrar, Straus and Giroux, 2015), S. 236.

16  Monmonier, *Air Apparent*, S. 45.

17  Paul N. Edwards, *A Vast Machine: Computer Models, Climate Data, and the Politics of Global Warming* (Cambridge: MIT Press, 2010), S. 50.

18  Ebd., S. 51.

19  Edwards, »Meteorology as Infrastructural Globalism«, S. 232.

20  Ebd.

21  *Symons's Monthly Meteorological Magazine*, April 1873 (London: Edward Stanford).

22  Lewis F. Richardson, *Weather Prediction by Numerical Process* (Cambridge: Cambridge University Press, 1922), S. vii.

23  Cleveland Abbe, »The Needs of Meteorology«, In: *Science* 1, Nr. 7 (1895): S. 181f.

24  Gemälde von Rolf Groven (1983), Geophysisches Institut Bergen, https://bjerknes.uib.no/en/article/news/pioneers-modern-meteorology-and-climate-research.

25  Robert M. Friedman, *Appropriating the Weather: Vilhelm Bjerknes and the Construction of Modern Meteorology* (Ithaca: Cornell University Press, 1989), S. 12.

26  K. G. Beauchamp, *Exhibiting Electricity* (London: Institution of Engineering and Technology, 1997), S. 163.

27  *Popular Science Monthly* 21 (Popular Science Pub., 1882): 253–257.

28  James R. Fleming, *Inventing Atmospheric Science: Bjerknes, Rosby, Wexler and the Foundations of Modern Meteorology* (Cambridge: MIT Press, 2016), S. 15.

29  Ebd., S. 17.

30  Friedman, *Appropriating the Weather*, S. 14.

31  Ebd., S. 22.

32  Alec Wilkinson, *The Ice Balloon: S.A. Andrée and the Heroic Age of Arctic Exploration* (New York: Vintage Books, 2013), S. 91.

33  Ebd., S. 12.

34  Alan J. Thorpe, Hans Volkert und Michał J. Ziemiański, »The Bjerknes' Circulation Theorem: A Historical Perspective«, in: *Bulletin of the American Meteorological Society* 84, 4 (2003): 471–480; Friedman, *Appropriating the Weather*, Kapitel 2; Fleming, *Inventing Atmospheric Science*, S. 18–21.

35  Friedman, *Appropriating the Weather*, S. 37.

36  Ebd., S. 38.

37  Zitiert in: Friedman, *Appropriating the Weather*, S. 55.

38  Vilhelm Bjerknes, »The Problem of Weather Prediction, Considered from the Viewpoints of Mechanics and Physics«, in: *Meteorologische Zeitschrift* 18, Nr. 6 (2009): 663–667.

39  Peter Lynch, »The Origins of Computer Weather Prediction and Climate Modeling«, in: *Journal of Computational Physics* 227, Nr. 7 (2008): 3431–3444.

40  Vilhelm Bjerknes, »Meteorology as an Exact Science«, in: *Monthly Weather Review* 42 (1914): 11–14.

## 2  Die Vorhersagefabriken

41  Der Brief wird zitiert in: John D. Cox, *Storm Watchers: The Turbulent History of Weather Prediction from Franklin's Kite to El Niño* (New York: John Wiley, 2002), S. 158.

42  Lewis Fry Richardson zählt zu den schillerndsten Figuren der Meteorologie, und es ist eine Schande, dass es so schwer ist, an Oliver Ashfords detaillierte Biografie dieses Mannes heranzukommen. Meine Darstellung von Bjerknes' Zeit in Bergen wurde durch einen wunderbaren Tag bereichert, den ich dort mit Gunnar Ellingsen und Magnus Vollset verbrachte, die ihre Studien zur Geschichte der norwegischen Meteorologie für kurze Zeit unterbrachen, um gemeinsam mit mir die Karten des Vervarslinga på Vestlandet (des Meteorologischen Instituts) zu durchstöbern.

43  Zitiert in: George Dyson, *Turing's Cathedral: The Origins of the Digital Universe* (2013), S. 156.

44  Oliver M. Ashford, *Prophet – or Professor?: The Life and Work of Lewis Fry Richardson* (Bristol: Hilger, 1985), S. 33.

45  J. C. R. Hunt, »Lewis Fry Richardson and His Contributions to Mathematics, Meteorology and Models of Conflict«, in: *Annual Review of Fluid Mechanics* 30 (1998).

46  E. Gold, »Lewis Fry Richardson, 1881–1953«, in: *Obituary Notices of Fellows of the Royal Society* 9, Nr. 1 (1954): 217–235.

47  Peter Lynch, *The Emergence of Numerical Weather Prediction: Richardson's Dream* (Cambridge: Cambridge University Press, 2006), S. 106.

48  Richardson, *Weather Prediction by Numerical Process*, S. 219.

49  Ashford, *Prophet – or Professor?*, S. 159.

50 Fleming, *Inventing Atmospheric Science*, S. 39.

51 Friedman, *Appropriating the Weather*, S. 121.

52 Vgl. Friedman, *Appropriating the Weather*, S. 154; vgl. auch https://www.uib.no/gfi/56744/bergensskolen-i-meteorologi.

53 Sverre Petterssen und James R. Fleming, *Weathering the Storm: Sverre Petterssen, the D-Day Forecast and the Rise of Modern Meteorology* (Boston: American Meteorological Society, 2001), S. 209.

54 Ebd., S. 29.

55 Zitiert in: Fleming, *Inventing Atmospheric Science*, S. 74.

56 Frederik Nebeker, *Calculating the Weather: Meteorology in the 20th Century* (San Diego: Academic Press, 1995), S. 57.

### 3 Das Wetter am Boden

57 Die Online-Ressourcen der Weltorganisation für Meteorologie sind bemerkenswert. Mithilfe des Werkzeugs OSCAR, mit dem ich für dieses Kapitel viele Stunden verbracht habe, kann man einen Blick auf das gesamte Beobachtungssystem werfen. Ich bin John Zillman vom australischen Wetteramt und John Huntington in Brooklyn besonders dankbar für ihre Erklärungen. Paul Sauer, ein Wetterbeobachter am Flughafen LaGuardia, erlaubte mir, ihm bei der Arbeit zuzuschauen, und Jim Peters von der Luftfahrtbehörde FAA war so großzügig, meinen Besuch zu arrangieren. Auf meiner Reise nach Utsira wurde mir ein außergewöhnlich freundlicher Empfang bereitet: Atle Grimsby und Arnstein Eek ermöglichten mir den kürzesten »künstlerischen Gastaufenthalt« aller Zeiten, und Anne Marthe Dyvi ließ mich an ihrer Vertrautheit mit der Insel teilhaben. Und dann war da natürlich Hans van Kampen, den ich einen Nachmittag lang als professioneller Wetterbeobachter am Rand der Welt begleiten durfte.

58 Friedman, *Appropriating the Weather*, S. 122.

59 Charlie Connelly, *Attention All Shipping: A Journey Round the Shipping Forecast* (London: Abacus, 2005).

### 4 Der Blick von oben

60 Harry Wexler ist ein weiterer Meteorologe mit einer faszinierenden Geschichte, die bisher nicht erzählt wurde, und ich hatte das Glück, dass ich einmal mehr auf James Rodger Flemings Arbeit zurückgreifen konnte,

in diesem Fall auf seine Biografie *Inventing Atmospheric Science*. Die Themen von Paul Edwards' Buch *A Vast Machine* finden in meinem Buch ein Echo, aber für dieses Kapitel bin ich ihm direkter zu Dank verpflichtet. Edwards' Darstellung der globalen Natur der Wetterinfrastruktur enthält wesentliche Erkenntnisse, auf die ich mich auf meiner Reise gestützt habe.

61  Shirlee Smith Matheson, *Amazing Flights and Flyers* (Calgary: Frontenac House, 2010), S. 65.

62  Alec Douglas, »The Nazi Weather Station in Labrador«, in: *Canadian Geographic* (Dez. 1981/Jan. 1982).

63  Clyde T. Holliday, »Seeing the Earth from 80 Miles Up«, *National Geographic* (Oktober 1950).

64  Zitiert in: Angelina Long Callahan, »Satellite Meteorology in the Cold War Era: Scientific Coalitions and International Leadership 1946–1964« (Dissertationsschrift, Georgia Institute of Technology, 2013), S. 78.

65  Holliday, »Seeing the Earth from 80 Miles Up«.

66  Stanley Greenfield und William Kellogg, »Inquiry into the Feasibility of Weather Reconnaissance from a Satellite Vehicle«, RAND Report R-218 (April 1951).

67  Jack Bjerknes, »Detailed Analysis of Synoptic Weather as Observed from Photographs Taken on Two Rocket Flights over White Sands, New Mexico, 26. Juli 1948«, Anhang zu »Inquiry into the Feasibility of Weather Reconnaissance from a Satellite Vehicle«, RAND Report R-218 (April 1951).

68  Fleming, *Inventing Atmospheric Science*, S. 136.

69  James R. Fleming, »Polar and Global Meteorology in the Career of Harry Wexler, 1933–62«, in: R. D. Launius, J. R. Fleming und D. H. DeVorkin (Hg.), *Globalizing Polar Science: Reconsidering the International Polar and Geophysical Years* (New York: Palgrave, 2010).

70  Harry Wexler, »Structure of Hurricanes as Determined by Radar«, in: *Annals of the New York Academy of Sciences* 48 (1947): 821–24, https://doi.org/10.1111/j.1749-6632.1947.tb38495.x, zitiert in: Fleming, *Inventing Atmospheric Science*.

71  »A 100 Mile High Portrait of Earth«, *Life*, 5. September 1955.

72  Harry Wexler, »The Satellite and Meteorology«, in: *Journal of Astronautics* 4 (Frühjahr 1957).

73 James R. Fleming, »A 1954 Color Painting of Weather Systems as Viewed from a Future Satellite«, in: *Bulletin of the American Meteorological Society* 88 (2007).

74 Wexler, »The Satellite and Meteorology«.

75 Fleming, »A 1954 Color Painting«.

76 Harry Wexler, »Meteorology in the International Geophysical Year«, in: *Scientific Monthly* 84 (1957).

77 Wexler, »The Satellite and Meteorology«.

78 Fleming, *Inventing Atmospheric Science*, S. 189.

79 Janice Hill, *Weather from Above: America's Meteorological Satellites* (Washington, D.C.: Smithsonian Institution Press, 1991), S. 11.

80 Richard Witkin, »Vast Gains Seen for Forecasting«, in: *New York Times*, 1. April 1960.

81 Michael O'Brien, *John F. Kennedy: A Biography* (New York: Thomas Dunne, 2005), S. 894.

82 Edwards, *A Vast Machine*, S. 222.

83 Fleming, *Inventing Atmospheric Science*, S. 207.

84 Edwards, *A Vast Machine*, S. 242.

85 Charles H. Vermillion und John C. Kamowski, »Weather Satellite Picture Receiving Stations, APT Digital Scan Converter«, NASA Report TN D-7994, Mai 1975.

86 Callahan, »Satellite Meteorology in the Cold War Era«, S. 3.

## 5  Umläufe

87 Tillmann Mohr, »The Global Satellite Observing System: A Success Story«, WMO Bulletin 59, Nr. 1, Januar 2010.

88 Ich hatte das Glück, zu Beginn meiner Berichterstattung am EUMETSAT-Klimasymposium teilnehmen zu können, wo ich mir ein gutes Bild von der allgemeinen Situation im Bereich der Wettersatelliten machen konnte. Bei EUMETSAT gaben Kenneth Holmund, Yves Buhler, Nico Feldmann und Valerie Barthmann bemerkenswert offen Auskunft über ihr großartiges System. Tillmann Mohrs historisches Verständnis und sein beharrliches Eintreten für ein geeintes System von Wettersatelliten prägten meine Einschätzung nachhaltig.

## 6 Abgehoben

89 Jack Bjerknes, »Half a Century of Change in the ›Meteorological Scene‹«, in: *Bulletin of the American Meteorological Society* 45 (1964).

90 Ich schulde Dara Entekhabi vom MIT Dank, der meine Fragen zum SMAP beantwortete und mich ermutigte, die Entwicklung des Projekts weiterzuverfolgen. Beim Jet Propulsion Laboratory in Pasadena erklärten mir Alan Buis, Sam Thurman und Simon Yueh die Details des Raumfahrzeugs. Und am Luftwaffenstützpunkt Vandenberg gaben mir Tyrona Lawson und George Diller die Möglichkeit, die Startvorbereitungen zu beobachten.

91 »Jet Propulsion Laboratory«, NASA Facts, https://www.jpl.nasa.gov/news/fact_sheets/jpl.pdf.

92 Zitiert in: Stephen Graham, *Vertical: The City from Satellites to Bunkers* (London: Verso, 2016), S. 29.

## 7 Vom Gipfel des Berges

93 Bei der Arbeit an diesem Buch bestand die mit Abstand größte Herausforderung für mich darin, die Wettermodelle zu verstehen, die das Kernstück der Wettermaschine sind. Aber dank der Großzügigkeit und Offenheit der Experten, die für die Modelle verantwortlich sind, war es nie eine logistische, sondern immer nur eine konzeptuelle Herausforderung. Im jährlichen User's Workshop des National Center for Atmospheric Research in Boulder erhielt ich eine Einführung in das Thema, auf der ich aufbauen konnte. Besonders dankbar bin ich für die Gespräche mit Joe Klemp, George Bryan, Greg Thompson, Chris Davis, Rich Loft und Jeffrey Anderson. Hendrik Tolman bei den National Centers for Environmental Prediction, Roland Potthast beim Deutschen Wetterdienst sowie David Walters, Andrew Lorenc und Roger Saunders bei UK MET lehrten mich viel über Modelle und die Rolle, die sie im globalen Wetterbeobachtungssystem spielen.

94 Stuart W. Leslie, »›A Different Kind of Beauty‹: Scientific and Architectural Style in I. M. Pei's Mesa Laboratory and Louis Kahn's Salk Institute«, in: *Hist. Stud. Nat. Sci.* 38, Nr. 2 (2008): 173–221.

95 Lucy Warner, *The National Center for Atmospheric Research: An Architectural Masterpiece* (Boulder: University Corporation for Atmospheric Research, 1985), S. 13.

## 8 Euro

96 Das Europäische Zentrum für mittelfristige Wettervorhersage gab den
Anstoß zu dieser Entdeckungsreise, und die Zeit, die ich dort verbrachte,
war zweifellos der Höhepunkt der Reise. Ich bin Dick Dee und Adrian
Simmons dankbar dafür, dass sie sich derart bemühten, meinen Besuch
zu einem Erfolg zu machen, und mich so freundlich in Reading aufnahmen. So wie ihre Kollegen Peter Bauer, Tim Hewson, Florence Rabier,
Alan Thorpe und Tim Palmer zählen sie zu den besten Meteorologen der
Welt, und ich bin ihnen dankbar dafür, dass sie so viel Zeit damit ver-
brachten, mir ihre komplexen und unverzichtbaren Systeme zu erklären.

97 Austin Woods, *Medium-Range Weather Prediction: The European
Approach* (New York: Springer, 2006), S. 21.

98 Ebd., S. 13.

99 P. Bauer, A. Thorpe und G. Brunet, »The Quiet Revolution of Numerical
Weather Prediction«, in: *Nature* 525, Nr. 7567 (2015), https://doi.org/
10.1038/nature14956.

## 9 Die App

100 Jeff Masters, »The Weather Underground Experience: 1991–2012«,
https://slideplayer.com/slide/219226/.

101 Die Reichweite des Systems der Weather Company ist bemerkenswert,
und ich bin Peter Neilley und seinem Team, insbesondere Lea Armstrong
und Jim Lidrbauch, dankbar für ihre Erläuterungen. Campbell Watson
lieferte hilfreiche Hintergrundinformationen. Joe Brown und Susan
Murcko von *Popular Science* unterstützten mich bei den Recherchen für
dieses Kapitel, das teilweise auf meinem Artikel »This forecast brought
to you by Mathematik« (*Popular Science*, Juli/August 2017) beruht. Jeff
Masters ist eine Legende, und es war faszinierend, die Geschichte der
Anfänge von Weather Underground aus seinem Mund zu hören.

## 10 Die gute Vorhersage

102 Die Wettervorhersage befindet sich insbesondere in den Vereinigten
Staaten in einer kritischen Phase, und ich bin dankbar für die erhellen-
den Gespräche mit Kenny Blumenfeld, Bob Henson und Eve Gruntfest.
In einer Frühphase dieses Projekts gaben mir Andrew Freedman,

Eric Holthaus und Jason Samenow Rückhalt, und ich profitierte sehr von ihrer scharfsinnigen journalistischen Arbeit. Louis Uccellini, Ryan Hanrahan und Dan Satterfield verdanke ich wichtige Erkenntnisse zum Wandel der Rolle der Prognostiker.

103 Allan H. Murphy, »What Is a Good Forecast? An Essay on the Nature of Goodness in Weather Forecasting«, in: *American Meteorological Society* 8 (Juni 1993).

## 11 Die Wetterdiplomaten

104 Susan Solomon, John S. Daniel und Daniel L. Druckenbrod, »Revolutionary Minds«, in: *American Scientist* 95 (2007).

105 Thomas Jefferson an Martha Jefferson Randolph, 4. April 4 1790, https://founders.archives.gov/documents/Jefferson/01-16-02-0172.

106 Thomas Jefferson an Thomas Mann Randolph, Jr., 18. April 1790, https://founders.archives.gov/documents/Jefferson/01-16-02-0202.

107 Solomon, Daniel und Druckenbrod, »Revolutionary Minds«.

108 Edwin T. Martin, *Thomas Jefferson: Scientist* (New York: Collier Books, 1961), S. 124.

109 Bruce Angle vom Meteorological Service of Canada und Marjorie McGuirk halfen mir, die Funktionsweise der WMO und die Geschehnisse bei dem Kongress zu verstehen. Sie lenkten meine Aufmerksamkeit auf die wesentlichen Fragen und gaben mir einführende Erläuterungen. Ich war dankbar für die offenen und präzisen Kommentare Courtney Draggons und Laura Furgione vom National Weather Service, Bruce Truscotts und Andy Browns vom UK MET und John Zillmans vom australischen Bureau of Meteorology.

110 John W. Zillman, »Fifty Years of World Weather Watch: Origin, Implementation, Achievement, Challenge«, in: *Bulletin of the Australian Meteographic and Oceanographic Society* 26 (2015).

# Ausgewählte Literatur

Ashford, Oliver M., *Prophet or Professor?: The Life and Work of Lewis Fry Richardson* (Bristol: Hilger, 1985).

Connelly, Charlie, *Attention All Shipping: A Journey Round the Shipping Forecast* (London: Abacus, 2005).

Cox, John D., *Storm Watchers: The Turbulent History of Weather Prediction from Franklin's Kite to El Niño* (New York: John Wiley, 2002).

Dyson, George, *Turings Kathedrale: Die Ursprünge des digitalen Zeitalters* (Berlin: Ullstein, 2016).

Edwards, Paul N., *A Vast Machine: Computer Models, Climate Data, and the Politics of Global Warming* (Cambridge: MIT Press, 2010).

Fleming, James R., *Inventing Atmospheric Science: Bjerknes, Rossby, Wexler, and the Foundations of Modern Meteorology* (Cambridge: MIT Press, 2016).

Fleming, James R., *Meteorology in America, 1800–1870* (Baltimore: Johns Hopkins University Press, 1990).

Friedman, Robert M., *Appropriating the Weather: Vilhelm Bjerknes and the Construction of Modern Meteorology* (Ithaca: Cornell University Press, 1989).

Gleick, James, *Die Information: Geschichte, Theorie, Flut* (München: Redline, 2011).

Graham, Stephen, *Vertical: The City from Satellites to Bunkers* (London: Verso, 2016).

Hill, Janicek, *Weather from Above: America's Meteorological Satellites* (Washington, D.C.: Smithsonian Institution Press, 1991).

Lynch, Peter, *The Emergence of Numerical Weather Prediction: Richardson's Dream* (Cambridge: Cambridge University Press, 2006).

Martin, Edwin T., *Thomas Jefferson, Scientist* (New York: Collier Books, 1961).

Matheson, Shirlee Smith, *Amazing Flights and Flyers* (Calgary: Frontenac House, 2010).

Monmonier, Mark, *Air Apparent: How Meteorologists Learned to Map, Predict, and Dramatize Weather* (Chicago: University of Chicago Press, 1999).

Moore, Peter, *Das Wetter-Experiment: Von Himmelsbeobachtern und den Pionieren der Meteorologie* (Hamburg: Mare, 2016).

Nebeker, Frederik, *Calculating the Weather: Meteorology in the 20th Century* (San Diego: Academic Press, 1995).

Petterssen, Sverre, und James R. Fleming, *Weathering the Storm: Sverre Petterssen, the D-Day Forecast, and the Rise of Modern Meteorology* (Boston: American Meteorological Society, 2001).

Richardson, Lewis F., *Weather Prediction by Numerical Process* (Cambridge: Cambridge Univ. Press, 1922).

Sandlin, Lee, *Storm Kings: The Untold History of America's First Tornado Chasers* (New York: Pantheon Books, 2013).

Wilkinson, Alec, *The Ice Balloon: S. A. Andrée and the Heroic Age of Arctic Exploration* (New York: Vintage Books, 2013).

Woods, Austin, *Medium-Range Weather Prediction: The European Approach: The Story of the European Centre for Medium-Range Weather Forecasts* (New York: Springer, 2006).

Für die deutsche Ausgabe ergänzte Empfehlungen:

Häckel, Hans, *Meteorologie* (Stuttgart: utb, 2016).

Roth, Günter D., *Die BLV Wetterkunde* (München: BLV, 2018).

# Register

Die Originalausgabe erschien 2019 unter dem Titel *The Weather Machine.*
*A Journey Inside the Forecast* bei Ecco/HarperCollins Publishers.

Verlagsgruppe Random House FSC® N001967

PENGUIN und das Penguin Logo sind Markenzeichen
von Penguin Books Limited und werden hier unter Lizenz benutzt.

Redaktion: Ulla Mothes, Berlin
Umschlaggestaltung: FAVORITBUERO, München
Umschlagabbildungen: © Getty Images/
Science Photo Library – NASA; © Shutterstock/briddy
Satz: Leingärtner, Nabburg
Druck und Bindung: GGP Media GmbH, Pößneck
Printed in Germany
ISBN 978-3-328-60040-4
www.penguin-verlag.de

Dieses Buch ist auch als E-Book erhältlich.

SAMANTHA CRISTOFORETTI

Samantha Cristoforetti
Die lange Reise
Tagebuch einer Astronautin

Auch als E-Book erhältlich

## »Ich bin für eine Weile nicht auf dem Planeten.«

So stand es in der Abwesenheitsnotiz von Samantha Cristoforetti, als sie 200 Tage auf der internationalen Raumstation ISS verbrachte. Mit Wissbegier, Beharrlichkeit und einer Portion Glück hat sie es ins All es geschafft – als eine von nur wenigen Frauen. Ihr Buch bietet eine Fülle überraschender, eindrucksvoller Einblicke in die Raumfahrt und inspiriert dazu, Träume nicht aufzugeben.

Robert Macfarlane
Im Unterland
Eine Entdeckungsreise
in die Welt unter der Erde

Auch als E-Book erhältlich

## »Robert Macfarlane zaubert mit Worten.« Andrea Wulf

In einer großartigen Entdeckungsreise nimmt uns der vielfach ausgezeichnete britische Autor Robert Macfarlane mit in die dunkle, überraschende Welt unter der Erde. Er führt uns in Höhlenlandschaften in England und Slowenien, zu einem unterirdischen Fluss in Italien, in den Untergrund von Paris, die schwindende Gletscherwelt Grönlands und, zuletzt, in einen Stollen für Atomabfälle, der die nächsten 100 000 Jahre überdauern soll.

**ANDREW BLUM**, geboren 1977,
ist Autor und freier Journalist, unter
anderem schreibt er für das Tech-
nik- und Netzkulturmagazin *Wired*,
für *New York Times*, *Vanity Fair* und
*The New Yorker*. Sein Interesse gilt
vor allem Urbanitäts- und Technolo-
giethemen. In seiner letzten Veröffentlichung *Kabelsalat* erkundete
er die digitale Infrastruktur. Andrew
Blum lebt in New York.